中国热带牧草品种志

刘国道 ◎ 主编

科学出版社

北 京

内 容 简 介

优良牧草品种的集约化种植、利用是南方畜牧业发展的主要趋势，因此高产优质的草品种培育是该产业发展的优先条件。自1987年至2014年我国已审定登记了475个牧草品种，然而一些优异的资源未被妥善保管。中国热带农业科学院热带作物品种资源研究所一直重视牧草品种的保存、保护工作，已集中保存了适宜热区推广利用的品种93个；本书是上述工作的集成凝练，全书重点介绍了草品种来源、优异性状、利用价值、高效栽培措施等信息，是热区现有品种最详细的图文介绍，也是品种育成后的承接性工作，这对优良草品种的推广及传承利用具有促进作用。

本书设计新颖并重点突出品种信息的完整性及栽培利用的实效性，文字简洁、图文并茂，易于理解，使用方便，可以作为农业科研工作者、技术推广人员和种植农户的重要参考书。

图书在版编目（CIP）数据

中国热带牧草品种志 / 刘国道主编. —北京：科学出版社，
2015.10
　ISBN 978-7-03-045792-9

　Ⅰ.①中⋯ Ⅱ.①刘⋯ Ⅲ.① 热带牧草-品种-中国 Ⅳ.①
S540.292

中国版本图书馆CIP数据核字（2015）第226321号

责任编辑：罗　静　王　好／责任校对：鲁　素
责任印制：肖　兴／书籍设计：北京美光设计制版有限公司

科学出版社 出版
北京东黄城根北街16号
邮政编码：100717
http://www.sciencep.com

北京利丰雅高长城印刷有限公司 印刷
科学出版社发行　各地新华书店经销
*
2015年10月第 一 版　　开本：880×1230　1/16
2015年10月第一次印刷　　印张：12 1/4
字数：415 000
定价：150.00元
（如有印装质量问题，我社负责调换）

《中国热带牧草品种志》
编写人员

（编委按姓氏汉语拼音排列）

主　编　刘国道

副主编　白昌军　杨虎彪

编　委　安　渊　白昌军　白淑娟　蔡小艳　蔡尊福　曹海峰　陈　恩　陈　平　陈德新　陈火青
陈礼伟　陈守良　陈云平　陈志权　陈志彤　陈钟佃　丁成龙　丁迪云　丁西朋　丁琰山
董荣书　董闻达　杜　逸　方金梅　冯德庆　符南平　顾洪如　郭爱桂　郭爱琴　郭海林
郭仁东　郭伟经　郭正云　何朝族　何华玄　何咏松　和占星　贺善安　洪建基　洪月云
胡汉栗　还振举　黄必志　黄春琼　黄冬芬　黄红湘　黄华强　黄　洁　黄梅芬　黄勤楼
黄晓松　黄秀声　黄毅斌　黄致诚　蒋昌顺　蒋侯明　匡崇义　奎嘉祥　赖志强　兰忠明
李　琼　李　昱　李　振　李春燕　李冬郁　李贵明　李居正　李开绵　李兰兴　李仕坚
李淑安　李天华　李耀武　李增位　李志丹　梁伟德　梁英彩　梁兆彦　林　雄　林多胡
林坚毅　林洁荣　林新坚　林一心　林永生　林赵伟　刘　艾　刘　洋　刘国道　刘红地
刘家运　刘建昌　刘建秀　刘君默　刘永东　刘玉环　卢川北　卢劲梅　卢小良　陆小静
罗　涛　罗建民　罗双喜　罗旭辉　罗在仁　蒙爱香　潘圣玉　彭家崇　邱孝煊　沈玉朗
施贵凌　宋光谟　苏　平　苏水金　唐　军　唐积超　唐湘梧　腾少花　田　宏　王东劲
王俊宏　王天群　王文强　王志勇　韦家少　韦锦益　温兰香　文石林　翁伯奇　吴维琼
吴文荣　吴燮恩　吴秀峰　吴一群　席嘉宾　谢国强　谢金玉　谢良商　邢诒能　徐宝琪
徐国忠　徐明岗　徐学军　徐志平　徐智明　许瑞丽　许艳芬　宣继萍　薛世明　郁恒福
闫庆祥　严琳玲　杨虎彪　杨运生　姚　娜　叶花兰　叶剑秋　叶伟健　易克贤　易显凤
尹　俊　应朝阳　余　梅　虞道耿　袁福锦　曾日秋　詹　杰　张　辉　张　瑜　张超冲
张德华　张鹤山　张久权　张庆智　张世勇　张伟特　张振文　赵维肖　郑芥丹　郑向丽
郑仲登　钟　声　钟小仙　钟珍梅　周　解　周汉林　周家锁　周明军　周卫星　周泽敏
周自玮　卓坤水

统　稿　刘国道　杨虎彪

审　稿　鲍健寅　毕玉芬　曹致中　黄毅斌　赖志强　卢小良
南志标　杨振海　贠旭疆　张英俊　郑里程

图片拍摄、整理　杨虎彪

刘国道

云南腾冲人，1963年6月生，二级研究员，博士生导师，国家牧草产业技术体系热带牧草育种岗位专家，现任中国热带农业科学院副院长，兼任中国草业学会副理事长、中国热带作物学会牧草与饲料专业委员会主任委员、全国牧草品种审定委员会副主任、中国农业境外产业发展联盟专家委员会委员、联合国粮农组织热带农业平台全球工作委员会委员。长期从事热带牧草种质资源研究与新品种选育工作，先后育成国审草品种23个；主持各类科研项目30余项；主编《海南饲用植物志》、《海南禾草志》、《海南莎草志》、《中国热带饲用植物资源》、《热带作物种质资源学》等专著9部，《热带畜牧业发展实用技术丛书》（19册）、《中国热带农业走出去实用技术丛书》（16册，中、英、法文出版）科普丛书2套；在 New Phytologist、Tropical Grasslands 等国内外期刊发表200多篇研究论文；以第一完成人获省部级科技奖20余项。2001年获第七届中国农学会青年科技奖和全国农业科技先进工作者称号；2003年入选教育部跨世纪优秀人才并享受国务院政府特殊津贴；2004年入选我国首批"新世纪百千万人才工程"国家级人选，获第四届海南省青年科技奖、海南省青年五四奖章、第八届中国青年科技奖、海南省国际合作贡献奖；2005年获海南省杰出人才奖；2010年入选海南省"515人才工程"第一层次人选；2012年入选全国农业杰出人才。

杨虎彪

云南大理人，傈僳族，1983年9月生，现就职于中国热带农业科学院热带作物品种资源研究所，助理研究员。主要从事种子植物分类学、种质资源收集及珍稀濒危植物保护生物学研究。目前已完成海南岛禾本科及莎草科植物的资源考察、收集及分类学修订工作，发表新种4个、海南新记录属1个、海南新记录种10个；参与物种资源保护项目，先后完成海南、广东、广西、福建、江西等地的牧草种质资源考察与收集工作，收集2 000多份种质；在 Phytotaxa、Plos One、《植物学报》等国内外期刊发表20余篇研究论文；是《海南禾草志》、《海南莎草志》及《中国热带牧草品种志》的主创成员；获得海南省科技进步奖一等奖1项、三等奖2项。

白昌军

甘肃武威人，1967年10月生，现就职于中国热带农业科学院热带作物品种资源研究所，研究员，硕士生导师，兼任中国草学会草坪学术委员会理事、中国草学会饲料生产委员会理事、中国草学会草地生态委员会理事、中国草学会牧草育种委员会第七届理事会理事、热带作物学会热带牧草与饲料作物专业委员会秘书长、中国牧草种质资源保护体系华南协作组负责人。主要从事热带牧草种质资源收集保存与评价、新品种选育、人工草地建设及草地生态植被的恢复与重建等研究。先后主持国家科技支撑计划、热带牧草种质资源保护等科研项目20余项；发表论文100多篇，主编专著3部，副主编专著6部，参编7部；主持或参加选育优良热带牧草新品种20个；获省部级奖励27项；培养硕士研究生10名。

序言
PREFACE

改革开放以来，国家对农业种业基础研究工作越来越重视，采取一系列重大举措推进农业种业加快发展。伴随着农业种业的进步，牧草育种工作也不断取得新进展。1987年，农业部成立了全国牧草品种审定委员会(2006年更名为全国草品种审定委员会)，同年审定通过了公农1号紫花苜蓿等12个新品种，标志着我国牧草育种工作步入快车道。进入21世纪，我国农牧业生产方式逐步转变，农牧业生产结构逐步调整，人工种草面积和草地改良面积连年增加。在此大背景下，牧草品种创新工作得到了更多的政策支持，发展迅速，成果丰硕。截至目前，全国草品种审定委员会已审定登记了475个草品种，其中育成品种178个、野生栽培品种100个、地方品种53个、引进品种144个。在看到成绩的同时，我们应当认识到，我国牧草良种繁育工作基础仍然薄弱，在品种资源保护、制种基地建设、牧草种子认证、品种信息服务等方面还不能满足市场需求，需要在新的发展阶段集中全行业力量推进解决，以适应农牧业现代化建设的需要。

刘国道同志一直从事热带地区牧草良种繁育工作，在柱花草属及狼尾草属良种繁育方面取得丰硕成果。5年前，我在中国热带农业科学院参观热带牧草种质资源圃时，他曾介绍过"南方牧草品种保存圃"的情况，建议加大投入力度，保存审定登记品种的品种性状。草品种是现代草业发展的基础，是第一位的，他们的工作很有意义，值得充分肯定。本书以图文形式详细介绍了热带牧草品种的来源、形态学和生物学特性、利用价值、栽培要点，以及这些品种的植株、茎叶、花序、种子等图片信息，进一步完善了品种选育的后期工作，为新品种推广应用创造条件，是一项重要的承接性工作，谨以此序表示祝贺。

杨振海

全国草品种审定委员会主任

农业部畜牧业司副司长

二〇一四年八月二十八日

前　言
FOREWORD

我国草品种审定工作始于 1987 年，至 2014 年通过全国草品种审定委员会审定的品种共有 475 个，其中适于我国热带地区种植的品种达 80 个；此外，省级农作物品种审定委员会也审定了一些品种。为全面了解这些品种的生产性能和适应区域，由国家牧草产业体系育种研究室热带牧草育种岗位科学家刘国道研究员联合广东、广西、云南、福建、贵州、四川、江苏、江西、湖北的育种专家及相关同志进行了一次全面调查，结果发现多数国审品种在生产上发挥了重要作用，推广面积超过 500 万亩的品种有热研 2 号圭亚那柱花草、热研 4 号王草、华南象草，超过 100 万亩的有热研 1 号银合欢、桂牧 1 号象草，超过 10 万亩的有热研 11 号黑籽雀稗、热研 3 号俯仰臂形草。但也有一些品种审定后长期闲置，极少数品种甚至连育种专家也没有保存。基于上述现状，我们认为国审草品种的调查、整理和保护工作刻不容缓。所幸的是调查工作结束时，不但基本摸清了我国热带国审草品种的推广和保存现状，而且从其他单位找回了少数育种专家没有保存的品种。目前，本书所涉及的所有品种均征集保存于中国热带农业科学院承建的南方牧草备份库中，无性繁殖材料保存于热带牧草种质圃中，部分将移到离体库中保存。

本书是在全面整理本次调查结果的基础上完成的。全书共收录 93 个品种，其中禾本科45 个、豆科 32 个、旋花科 4 个、大戟科 12 个。每个品种均按育种单位、育种专家、审定时间、品种登记号、申报者、植物学形态特征、生物学与生态学特征、饲用 (坪用) 价值、栽培技术要点等方面的信息进行整理编写，尤其突出各品种关键形态特征的图片展示。因此，本书是全面反映我国热带牧草育种、种子工作全貌和热带牧草品种演变过程的历史性、资料性著作。

本次调查和征集工作得到了广大育种单位和育种专家的大力支持，各方热忱提供了原始种子和相关材料。中国热带农业科学院热带作物品种资源研究所资助了前期工作经费，国家牧草产业技术体系项目、全国农村综合改革示范试点项目资助了出版经费。全国草品种审定委员会杨振海主任、曹致中常务副主任委员、贠旭疆委员、鲍健寅委员、黄毅斌委员、赖志强委员、卢小良委员、毕玉芬委员，兰州大学南志标院士，国家牧草产业技术体系首席科学家张英俊教授和中国热带农业科学院热带作物品种资源研究所郑里程先生对全书进行了审校，在此一并致谢。

编　者

2015 年 6 月 10 日

目 录
CONTENTS

序言

前言

草品种是现代草业发展的基础，是第一位的。他们的工作很有意义，值得充分肯定。

热研 1 号银合欢

拉丁名 *Leucaena leucocephala* (Lamarck) de Wit cv. Reyan No. 1

品种来源 由中国热带农业科学院热带牧草研究中心申报，1991 年通过全国草品种审定委员会审定，登记为引进品种；品种登记号 100；申报者：蒋侯明、邢诒能、刘国道、何华玄、王东劲。

植物学特征 多年生常绿乔木；树皮灰白色，稍粗糙。叶为偶数二回羽状复叶，叶轴长 12 ～ 19 厘米，羽片 5 ～ 17 对，长 10 ～ 25 厘米，第一对羽片和顶部羽片的基部各有一个腺体；小叶 11 ～ 17 对，小叶长约 1.7 厘米、宽约 0.5 厘米，先端短尖。头状花序，单生于叶腋，具长柄，每花序有花 100 余朵，密集生长于花托上成球状，直径约 2.7 厘米；花白色，花瓣 5 片，分离，狭长，长约为雄蕊的 1/3，雄蕊 10 枚。荚果下垂，薄而扁平，带状革质，先端突尖，长约 23.5 厘米、宽 2.5 厘米，每荚有种子 15 ～ 25 粒。种子扁平、卵形、褐色、长 5 ～ 9 毫米、宽 4 ～ 6 毫米，具光泽，成熟时开裂。

生物学特性 适宜生长在回归线以南，年降雨量 900 ～ 2 600 毫米、年平均气温 20 ～ 23℃的低海拔地区。最适土壤 pH 为 6 ～ 7，喜阳、耐旱、不耐渍。每年开花两次，分别在 3 ～ 4 月和 8 ～ 9 月开花；荚果分别于 5 ～ 6 月和 11 ～ 12 月成熟。

饲用价值 嫩茎叶适口性好，富含蛋白质、胡萝卜素和维生素，适于作牛、羊饲料。叶粉是猪、兔、家禽的优良补充饲料。叶粉喂猪，用量占 10%；喂兔用量低于 10%；喂鸡用量 5% 以下。热研 1 号银合欢的化学成分见下表。

成熟期植株

花序

果序

叶片形态

种子

热研 1 号银合欢的化学成分 (%)								
样品情况	干物质	占干物质					钙	磷
		粗蛋白	粗脂肪	粗纤维	无氮浸出物	粗灰分		
嫩叶 鲜样	23.27	35.00	4.59	11.98	43.48	4.95	0.41	0.43
老叶 鲜样	34.26	22.88	10.62	16.69	41.78	5.03	0.87	0.15

栽培要点 种皮坚硬、吸水性差，播前需用 80℃热水浸种 2～3 分钟，并用清水清洗多次。播前应耕翻土地，适当施肥。播种方法多用条播，行距 1 米左右，播种量 15～30 千克/公顷，播深 2～3 厘米。山地可挖穴播种，株行距 80 厘米×80 厘米，每穴播种 4～5 粒。苗期应及时清除杂草。当株高 1 米以上时可刈割利用，留茬 30 厘米左右；每年可刈割 4～6 次，越冬前应停止刈割。

907 柱花草

拉丁名 *Stylosanthes guianensis* (Aublet) Swartz cv. 907

品种来源 由广西壮族自治区畜牧研究所申报，1998 年通过全国草品种审定委员会审定，登记为育成品种；品种登记号 189；申报者：梁英彩、赖志强、张超冲、谢金玉、腾少花。

植物学特征 多年生草本；株高 1～1.9 米。根系发达，主根和侧根着生根瘤。茎粗 3～9 毫米，分枝能力强，斜向上生长。三出复叶；小叶披针形，长 3.4～3.8 厘米、宽 6～7 毫米；托叶紫红色，上部二裂，叶柄和托叶上有短茸毛。复穗状花序，顶生或腋生；花黄色、蝶形。荚果小，具有小喙，内含 1 粒种子。种子肾形，黄棕色。

生物学特性 典型的热带牧草，喜高温、潮湿气候，最适生长温度为 25～30℃，遇零下 2℃低温或重霜植株冻死。对土壤适应性广泛，耐旱、耐酸性瘦土，但不耐水渍。一般 10 月下旬或 11 月上旬开花；12 月上、中旬种子成熟。

饲用价值 叶量丰富，适口性好，牛、羊、兔等家畜喜食。可刈割青饲、调制青贮饲料，也可加工草粉利用。907 柱花草化学成分见下表。

栽培要点 种子硬实率高，用 80℃热水浸种

样品情况	干物质	占干物质				钙	磷
		粗蛋白	粗脂肪	粗纤维	无氮浸出物		
初花期 风干	92.05	12.75	3.30	33.13	39.00	1.60	0.60

907 柱花草的化学成分 (%)

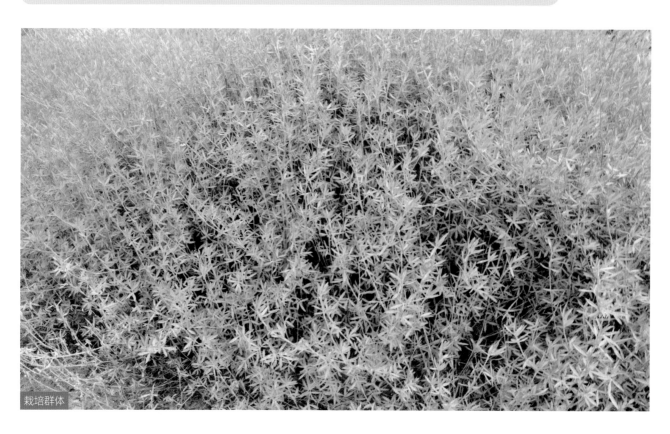

栽培群体

主茎及分枝

叶片、叶鞘及花序

穗状花序局部

3 分钟可提高发芽率，且出土快而整齐。播前拌根瘤菌效果更佳。播种期 3 ~ 7 月，刈割草地播种量为 15 千克 / 公顷，种子生产田播种量为 75 千克 / 公顷。907 柱花草可直播，也可育苗移栽。育苗前整好苗床，施放腐熟基肥后于 3 月初播种育苗，苗龄 60 ~ 70 天，苗高 30 厘米左右时移栽，以 5 月中旬至 6 月中旬移植最好。

种子及荚果

格拉姆柱花草

拉丁名 *Stylosanthes guianensis* (Aublet) Swartz cv. Graham

品种来源 由广西壮族自治区畜牧研究所申报，1988年通过全国草品种审定委员会审定，登记为引进品种；品种登记号026；申报者：宋光谟、李兰兴、梁兆彦、刘红地。

植物学特征 多年生草本；高0.6～1.2米。根系发达，主根和侧根着生根瘤。茎粗3～8毫米，侧枝斜生，长80～170厘米，能形成三次分枝。三出复叶；小叶披针形，长3.4～3.8厘米、宽6～7毫米；托叶带紫红色，上部二裂，叶柄和托叶上有短茸毛。花序为几个少数的穗状花序集成顶生穗状花序，花穗无柄，每个花序有1～5朵黄色小花，蝶形。荚果小，具小喙，内含1粒种子。种子呈椭圆形，长2.5～2.7毫米、宽约2毫米。

生物学特性 喜高温，气温达16.5℃即开始出土或返青生长，最适生长温度25～30℃。受轻霜时，茎叶仍保持青绿，但受到重霜，或零下2℃低温时，茎叶枯萎。耐酸性和贫瘠的土壤，pH 5～6的红壤黏土和砂质土壤上都生长良好，耐干旱，不耐渍水。

饲用价值 茎细、叶量丰富、草质优良、适口性好，每公顷产鲜草45 000～75 000千克。在生长的各个时期其青草和干草都为牛、羊、兔等家畜喜食。格拉姆圭亚那柱花草化学成分见下表。

		占干物质						
样品情况	干物质	粗蛋白	粗脂肪	粗纤维	无氮浸出物	粗灰分	钙	磷
开花期植株　风干	91.38	12.19	1.70	39.49	39.42	6.00	1.16	0.22

格拉姆柱花草的化学成分 (%)

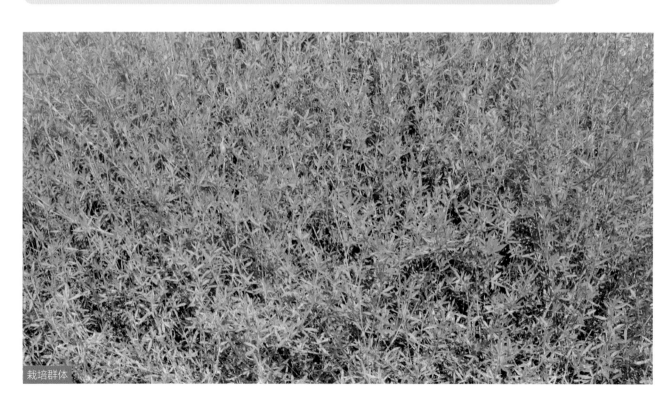

栽培群体

植株

根系

叶片及分枝

果枝及小花

穗状花序局部

种子及荚果

栽培要点 选择排水良好、土层深厚、土质较好的沙壤土或壤土种植。播种前翻耕松土，如土壤的酸度过高，可施用生石灰。种子硬实率较高，播前用80℃热水浸种2～3分钟，再拌根瘤菌剂后即可播种。春播，每公顷播种量3～6千克。条播按行距50～60厘米，穴播株行距50厘米×50厘米或40厘米×50厘米。如大面积种植或与其他牧草混播时，可采用撒播或飞机播种。

维拉诺有钩柱花草

拉丁名 *Stylosanthes hamata* (L.) Taub. cv. Verano

品种来源 由广东省畜牧局饲料牧草处、华南农业大学联合申报，1991年通过全国草品种审定委员会审定，登记为引进品种；品种登记号098；申报者：李居正、林坚毅、郭仁东、罗建民、陈德新。

植物学特征 一年生草本；高0.8～1米。茎半匍匐，光滑细软。三出复叶，叶片狭长，长2～3厘米、宽3～4毫米；中间一小叶有叶柄。穗状花序；花小、黄色。荚果小，种荚厚硬，脉明显，其上有一长3～5毫米的卷钩，每荚内含一粒种子。种子肾形，褐色、黄色或绿黄色，种荚与种子不易分离。

生物学特性 适应性广，耐旱、耐瘠、耐酸、抗病虫害。苗期生长缓慢，播后60天生长迅速，可很快形成厚密草层覆盖地面、抑制杂草生长。种子产量高，落地后能在土壤中保存良好，并在来年雨季出苗生长，因此在混播草地上维拉诺有钩柱花草能生长持久。飞播建植的草地失管20余年仍然能发现高密度的维拉诺有钩柱花草。

饲用价值 年可刈割2～3次，鲜草产量4 000～6 000千克/公顷。品质优，适口性好。放牧或加工成草粉利用，畜禽均喜食。维拉诺有钩柱花草化学成分见下表。

栽培群体

植株枝叶

植株基部茎秆

根系

花序

花

花序局部

种子及荚果

维拉诺有钩柱花草的化学成分 (%)						
样品情况	干物质	占干物质				
		粗蛋白	粗脂肪	粗纤维	无氮浸出物	粗灰分
开花期 绝干	100.00	13.40	2.60	36.20	42.20	5.60
开花期 风干	87.00	11.7	2.30	31.50	36.60	4.90

栽培要点 播种地应选择土质肥沃、排灌方便、阳光充足、易于管理、不受畜禽危害的沙壤地块，一犁两耙，施足基肥。播种前将种子在80℃热水中浸泡3分钟，清洗数遍捞出晾干，再拌上根瘤菌，即可按每公顷75～90千克的播种量播种。

热研 2 号圭亚那柱花草

拉丁名 *Stylosanthes guianensis* (Aublet) Swartz cv. Reyan No. 2

品种来源 由中国热带农业科学院热带牧草研究中心、广东省畜牧局饲料牧草处联合申报，1991 年通过全国草品种审定委员会审定，登记为引进品种；品种登记号 099；申报者：蒋侯明、何朝族、刘国道、李居正、林坚毅。

植物学特征 多年生半直立草本；高 0.8 ～ 1.5 米。茎粗 2 ～ 3 毫米，分枝多，斜向上生长。三出复叶；小叶长披针形，青绿色，中间小叶较大，长 3 ～ 3.8 厘米、宽 5 ～ 7 毫米，两侧小叶较小，长 2.5 ～ 3 厘米、宽 5 ～ 7 毫米。穗状花序，顶生或腋生，1 ～ 4 个穗状花序着生成一簇，每个支花序有小花 10 ～ 16 朵。荚果黄棕色，肾形至椭圆形，长 2.1 ～ 3 毫米，每荚含 1 粒种子。种子肾形，呈土黄色或黑色，长 2 ～ 2.4 毫米、宽 1.1 ～ 1.5 毫米。

生物学特性 适应性强，能在沙土到重黏质土壤上良好生长。抗性广，耐酸瘦土壤，可在 pH 4 ～ 4.5 的强酸性土壤上良好生长。耐干旱，抗炭疽病能力强。

饲料价值 营养丰富，富含维生素和多种氨基酸，适口性好，各家畜喜食，可放牧利用，也可刈割青饲、调制青贮饲料或生产草粉。也常作为优质绿肥在橡胶、椰子等各类经济作物园中间作。热研 2 号圭亚那柱花草化学成分见下表。

样品情况	干物质	占干物质				
		粗蛋白	粗脂肪	粗纤维	无氮浸出物	粗灰分
开花期 绝干	100.00	15.30	1.40	31.90	43.00	8.40
开花期 风干	87.00	13.30	1.20	27.80	37.40	7.30

热研 2 号圭亚那柱花草的化学成分 (%)

栽培群体

主枝

分枝

穗状花序局部

花特写

根系

荚果及种子

栽培要点　采用种子繁殖，播种前将种子用80℃热水浸种 10～15 分钟，再用多菌灵水溶液浸种，提高种子发芽率，并使出苗整齐一致；同时，可杀死由种子携带的炭疽病菌。播种常采用撒播法，也可实行条播，播种量为 12～22.5 千克/公顷。种子生产田一般采用育苗移栽法进行，种植株行距为 100 厘米 ×100 厘米，在海南 5～7 月播种为宜。

热研 5 号圭亚那柱花草

拉丁名 *Stylosanthes guianensis* (Aublet) Swartz cv. Reyan No. 5

品种来源 由中国热带农业科学院热带牧草研究中心申报，1999 年通过全国草品种审定委员会审定，登记为育成品种；品种登记号 206；申报者：刘国道、白昌军、何华玄、王东劲、周家锁。

植物学特征 多年生直立草本；高 1.3 ～ 1.8 米。茎粗 3 ～ 5 毫米，多分枝。羽状三出复叶；小叶披针形，中间小叶较大，长 2.1 ～ 2.8 厘米、宽 4 ～ 6 毫米，两侧小叶较小，长 1.3 ～ 2.4 厘米、宽 3 ～ 5 毫米。复穗状花序顶生，每个花序具小花 4 至数朵，花冠蝶形，花黄色。荚果小，内含 1 粒种子。种子肾形，黑色。

生物学特性 耐干旱，在年降雨量 700 ～ 1 000 毫米的地区生长良好，适生于年平均气温 20 ～ 30℃或以上无霜地区种植；耐酸性瘦土，在 pH 4.5 左右的强酸性土壤仍能茂盛生长；在海南冬季低温 5 ～ 10℃潮湿气候条件下能保持青绿；其最大特点是早花，在海南儋州地区 9 月底始花，10 月底盛花；11 月底种子成熟，种子产量高。

饲用价值 适口性好，适于放牧利用、刈割青饲或调制草粉。热研 5 号圭亚那柱花草化学成分见下表。

栽培群体

植株整体

分枝

根系

花序

穗状花序局部

种子及荚果形态

热研 5 号圭亚那柱花草的化学成分 (%)

样品情况	干物质	占干物质				
		粗蛋白	粗脂肪	粗纤维	无氮浸出物	粗灰分
营养期 鲜样	33.23	15.57	2.11	33.81	41.43	5.75
开花期 鲜样	31.97	14.83	1.73	33.71	42.31	6.00
成熟期 鲜样	33.14	13.63	1.68	36.93	41.03	5.42

栽培要点 播种前用 80℃热水浸种 3 分钟，再用冷水反复清洗，可明显提高发芽率。同时用 1% 多菌灵水溶液浸种 10 ～ 15 分钟，可杀死由种子携带的炭疽病菌。撒播或条播均可，播后不用覆土，播种量为 5 ～ 15 千克 / 公顷。种子生产田常采用育苗移栽，育苗时将种子播于整地精细的苗床，经常淋水保湿，40 ～ 50 天后苗高 25 ～ 30 厘米时移栽，选阴雨天定植，定植株行距 100 厘米×100 厘米。

西卡灌木状柱花草

拉丁名 *Stylosanthes scabra* Vog. cv. Seca

品种来源 由中国热带农业科学院热带牧草研究中心申报，2001 年通过全国草品种审定委员会审定，登记为引进品种；品种登记号 225；申报者：白昌军、刘国道、何华玄、易克贤、王东劲。

植物学特征 多年生灌木状草本；高 1.3 ～ 1.5 米。根系发达。茎直立或半直立，基部茎粗 0.5 ～ 1.5 厘米，多分枝，被刚毛。三出复叶；小叶长椭圆形至倒披针形，顶端钝，具短尖，两面被毛，中间小叶较大，长 1.5 ～ 2.1 厘米、宽 6 ～ 9 毫米，两侧小叶较小，长 1.3 ～ 1.5 厘米、宽 4 ～ 7 毫米。密穗状花序顶生或腋生；花黄色。荚果小，褐色。种子肾形，黄色，具光泽。

生物学特性 喜湿润的热带气候，耐干旱，耐酸瘦土壤，在 pH 4 ～ 4.5 的酸性土壤和滩涂地种植生长良好。耐牧、耐践踏。西卡柱花草通常 9 月进入始花期，10 月为盛花期；11 月中旬种子开始成熟，12 月至翌年 1 月种子成熟，种子产量 150 ～ 280 千克 / 公顷。

饲用价值 在海南年刈割 3 ～ 4 次，年产鲜草 15 000 ～ 18 000 千克 / 公顷。可与臂形草、大翼豆等混播建立混播草地，适宜放牧，牛羊喜食。西卡灌木状柱花草化学成分见下表。

植株

分枝特写

叶片及果枝局部特写

植株基部茎秆特写

根系

花

穗状花序局部

种子及荚果

		占干物质						
样品情况	干物质	粗蛋白	粗脂肪	粗纤维	无氮浸出物	粗灰分	钙	磷
营养期 鲜样	24.80	14.70	2.87	39.20	37.37	5.86	1.15	0.80
开花期 鲜样	26.20	10.38	2.42	45.91	35.13	6.13	1.09	0.10

西卡灌木状柱花草的化学成分 (%)

栽培要点 播种前采用80℃热水浸种3分钟，清洗冷却后用1%多菌灵水溶液浸种10～15分钟，可杀死由种子携带的炭疽病菌。放牧草地建植常采用撒播或条播，种子播种量为7.5～15千克/公顷。种子生产常采用育苗移栽，育苗时将种子播于整地精细的苗床，淋水保湿，40～50天后当苗高25～30厘米时移栽，移栽前用黄泥浆根可明显提高成活率，选阴雨天定植，定植株行距80厘米×80厘米或100厘米×100厘米。

热研 7 号圭亚那柱花草

拉丁名 *Stylosanthes guianensis* (Aublet) Swartz cv. Reyan No. 7

品种来源 由中国热带农业科学院热带牧草研究中心申报，2001 年通过全国草品种审定委员会审定，登记为引进品种；品种登记号 226；申报者：蒋昌顺、刘国道、何华玄、韦家少、蒋侯明。

植物学特征 多年生直立草本；高 1.4～1.8 米，冠幅 1～1.5 米，多分枝。羽状三出复叶；小叶长椭圆形，中间小叶较大，长 2.5～3.0 厘米、宽 5～7 毫米，两侧小叶较小，长 1～1.4 厘米、宽 4～6 毫米，茎、枝、叶被茸毛。复穗状花序顶生，有小花 4～6 朵；花黄色。荚果小，浅褐色，内含 1 粒种子。种子肾形，浅黑色。

生物学特性 喜热带潮湿气候，适于年平均气温 20～25℃、年降雨量 1 000 毫米以上无霜地区种植。耐旱、耐酸瘠土，抗病，但不耐阴和渍水。在海南种植，热研 7 号圭亚那柱花草现蕾期为 10 月中旬、11 月下旬进入始花期、盛花期为 12 月下旬，翌年 1 月下旬种子成熟。广东种植，12 月至翌年 1 月为盛花期，2～3 月为种子成熟期。

饲用价值 生长旺盛，产量高，年均鲜草产量为 43 000 千克 / 公顷，种子产量 360～480 千克 / 公顷。鲜草适口性好，适于放牧利用，也可刈割青饲或调制青贮饲料。热研 7 号圭亚那柱花草化学成分见下表。

植株

分枝及叶片

根系

穗状花序局部

种子及荚果

花特写

热研 7 号圭亚那柱花草的化学成分 (%)

样品情况	干物质	占干物质					钙	磷
		粗蛋白	粗脂肪	粗纤维	无氮浸出物	粗灰分		
营养期 鲜样	21.36	16.86	2.65	32.47	40.35	6.30	1.19	0.18
开花期 鲜样	26.38	15.58	2.02	31.94	41.37	6.97	1.87	0.34

栽培要点 播种前采用 80℃热水浸种 2～3 分钟，清洗冷却后用 1% 多菌灵水溶液浸种 10～15 分钟，可杀死由种子携带的炭疽病菌。播种量为 7.5～15 千克 / 公顷。种子播于整地精细的苗床，淋水保湿，40～50 天后当苗高 25～30 厘米时移栽，选阴雨天定植，移栽前用黄泥浆根可明显提高成活率。种子田株行距 100 厘米×100 厘米，刈割草地 70 厘米×70 厘米。生长初期及时除杂。种植当年可刈割 1～2 次，次年可刈割 3～4 次，留茬 30 厘米。

热研 10 号圭亚那柱花草

拉丁名 *Stylosanthes guianensis* (Aublet) Swartz cv. Reyan No. 10

品种来源 由中国热带农业科学院热带牧草研究中心申报，2000 年通过全国草品种审定委员会审定，登记为引进品种；品种登记号 217；申报者：何华玄、白昌军、蒋昌顺、刘国道、易克贤。

植物学特征 多年生直立草本；高 1 ～ 1.3 米。羽状三出复叶；中间小叶较大，长 3.3 ～ 4.5 厘米、宽 5 ～ 7 毫米，两侧小叶较小，长 2.5 ～ 3.5 厘米、宽 4 ～ 6 毫米。复穗状花序顶生，每个花序具小花 4 ～ 6 朵；蝶形花冠，黄色。荚果小，深褐色，内含 1 粒种子。

种子肾形，浅褐色。

生物学特性 喜热带潮湿气候，适于年平均温 20 ～ 25℃、年降雨量 1 000 毫米以上无霜区种植。抗炭疽病及耐寒能力强。晚熟品种，在海南儋州地区 11 月底至 12 月开花，翌年 1 月下旬种子成熟。耐旱、耐酸瘠土，但不耐阴和渍水。

饲用价值 一年可刈割 3 ～ 4 次，鲜草产量为 30 000 ～ 33 000 千克 / 公顷。适作青饲料，晒制干草，生产草粉或放牧各种草食家畜。热研 10 号圭亚那柱花草化学成分见下表。

栽培群体

果期枝条

茎叶特写

穗状花序局部

小花

种子及荚果

热研 10 号圭亚那柱花草的化学成分 (%)								
样品情况	干物质	占干物质					钙	磷
		粗蛋白	粗脂肪	粗纤维	无氮浸出物	粗灰分		
营养期 鲜样	22.98	17.83	2.70	32.01	40.39	7.07	—	—
开花期 鲜样	25.38	15.14	2.18	33.87	40.36	6.78	1.46	0.21

栽培要点 播种前用 80℃热水浸种 2 ～ 3 分钟，清洗冷却后用 1% 多菌灵水溶液浸种 10 ～ 15 分钟，可杀死由种子携带的炭疽病菌。撒播或条播均可，播后不用覆土，播种量为 5 ～ 15 千克 / 公顷。种子生产田常采用育苗移栽，育苗时将种子播于整地精细的苗床，经常淋水保湿，40 ～ 50 天后苗高 25 ～ 30 厘米时移栽，选阴雨天定植。

热研 13 号圭亚那柱花草

拉丁名 *Stylosanthes guianensis* (Aublet) Swartz cv. Reyan No. 13

品种来源 由中国热带农业科学院热带牧草研究中心申报，2003 年通过全国草品种审定委员会审定，登记为引进品种；品种登记号 257；申报者：何华玄、白昌军、刘国道、王东劲、周汉林。

植物学特征 多年生直立草本；高 1～1.3 米，冠幅 1～1.2 米。羽状三出复叶；中间小叶较大，长 3.3～4.5 厘米、宽 5～6 毫米，两侧小叶较小，长 2.5～3.5 厘米、宽 4～6 毫米，茎、枝、叶被有茸毛。复穗状花序顶生，每花序具小花 4～6 朵；花米黄色。荚果小，浅褐色，内含 1 粒种子。种子肾形，褐色。

生物学特性 喜湿润的热带气候。耐干旱，在年降雨量 1 000 毫米左右的地区生长良好；耐酸性瘦土，在海南冬季仍然保持青绿。属晚花品种，比热研 2 号柱花草晚花 25 天左右，在海南儋州地区种植 11 月中旬始花，开花所需日照时数 11.2 小时左右，11 月底至 12 月盛花，翌年 1 月种子成熟。

饲用价值 热研 13 号圭亚那柱花草生长旺盛，产量高。牛、羊、鹿喜食，适于放牧利用，也可刈割青饲、调制草粉。热研 13 号圭亚那柱花草化学成分见下表。

栽培群体

植株分枝

叶片形态

穗状花序局部

花特写

栽培要点 播种前用80℃热水浸种2～3分钟，清洗冷却后用1%多菌灵水溶液浸种10～15分钟，可杀死由种子携带的炭疽病菌。撒播或条播均可，播后不用覆土，播种量为5～15千克/公顷。种子生产田常采用育苗移栽，育苗时将种子播于整地精细的苗床，经常淋水保湿，40～50天后苗高25～30厘米时移栽，选阴雨天定植。生长初期及时除杂。种植当年可刈割1～2次，次年可刈割3～4次，留茬30厘米。

种子及荚果

样品情况	干物质	占干物质					钙	磷
		粗蛋白	粗脂肪	粗纤维	无氮浸出物	粗灰分		
营养期 鲜样	25.28	18.12	2.41	30.05	41.59	6.45	1.21	0.17
开花期 鲜样	28.47	13.77	1.93	32.48	42.49	6.78	2.48	0.07

热研13号圭亚那柱花草的化学成分 (%)

热引 18 号圭亚那柱花草

拉丁名 *Stylosanthes guianensis* (Aublet) Swartz cv. Reyin No. 18

品种来源 由中国热带农业科学院热带牧草研究中心申报，2007 年通过全国草品种审定委员会审定，登记为引进品种；品种登记号 350；申报者：白昌军、刘国道、陈志权、李志丹、虞道耿。

植物学特征 多年生草本；高 1.1～1.5 米。茎粗 5～15 毫米，多分枝，茎密被长柔毛。羽状三出复叶；中间小叶长椭圆形，长 3.3～3.9 厘米、宽 6～11 毫米，两侧小叶较短，长 2.5～3.1 厘米、宽 5～10 毫米。密穗状花序顶生或腋生，花序长 10～15 毫米。荚果具一节荚，褐色，卵形，长 2.6 毫米、宽 1.7 毫米，具短而略弯的喙，含 1 粒种子。种子肾形，浅褐色，具光泽，长 1.5～2.2 毫米、宽约 1 毫米。

生物学特性 喜潮湿的热带气候，适合我国热带、亚热带地区推广种植；抗炭疽病极显著优于热研 2 号和热研 5 号圭亚那柱花草；耐干旱，可耐 4～5 个月的连续干旱，在年降雨量 600 毫米以上的热带地区表现良好；适应各种土壤类型，尤耐低肥力土壤和低磷土壤；耐阴性较强。

饲用价值 干草产量 10 736 千克/公顷，叶量丰富，适口性好，各家畜喜食。可放牧利用，也可刈割青饲、调制青贮饲料或生产草粉，草粉可用来添加到猪、鸡、鸭、鹅的饲料中。热引 18 号圭亚那柱花草化学成分见下表。

栽培群体

花期枝条

茎叶局部特写

穗状花序局部

花特写

种子及荚果

热引 18 号圭亚那柱花草的化学成分 (%)

样品情况	干物质	占干物质					钙	磷
		粗蛋白	粗脂肪	粗纤维	无氮浸出物	粗灰分		
营养期 鲜样	24.87	18.18	2.57	31.65	40.32	5.85	1.22	0.21
开花期 鲜样	30.18	16.00	2.41	31.18	42.48	6.13	1.48	0.32

栽培要点 播种前用 80℃热水浸种 2～3 分钟，清洗冷却后用 1% 多菌灵水溶液浸种 10～15 分钟，可杀死由种子携带的炭疽病菌。撒播或条播均可，播后不用覆土，播种量为 7.5～15 千克 / 公顷。种子生产田常采用育苗移栽，育苗时将种子播于整地精细的苗床，经常淋水保湿，40～50 天后苗高 25～30 厘米时移栽，选阴雨天定植。生长初期及时除杂。种植当年可刈割 1～2 次，次年可刈割 3～4 次，留茬 30 厘米。

热研 20 号圭亚那柱花草

拉丁名 *Stylosanthes guianensis* (Aublet) Swartz cv. Reyan No. 20

品种来源 由中国热带农业科学院热带牧草研究中心申报，2009 年通过全国草品种审定委员会审定，登记为育成品种；品种登记号 428；申报者：白昌军、刘国道、王东劲、陈志权、严琳玲。

植物学特征 多年生半直立草本；高 1.1～1.5 米。茎粗 5～15 毫米，多分枝。羽状三出复叶；中央小叶长椭圆形，长 3.3～3.9厘米、宽 4.5～7.3 毫米，先端急尖，叶背腹面均被疏柔毛，两侧小叶较小，长 2～3.2、宽 3.5～6 毫米。密穗状花序顶生或腋生，花序长 1～1.5 厘米；蝶形花冠，旗瓣橙黄色，具棕红色细脉纹。荚果具一节荚，深褐色，卵形，长约 2.65 毫米、宽约 1.75 毫米，具短而略弯的喙，具 1 粒种子。种子肾形，黄色至浅褐色，具光泽。

生物学特性 喜潮湿的热带气候，适合我国热带、南亚热带地区推广种植。抗炭疽病，耐干旱，适应各种土壤类型，尤耐低肥力土壤、酸性土壤和低磷土壤，耐刈割。在海南，10 月中旬开始开花，12 月上旬盛花，12 月至翌年 1 月种子成熟。

饲用价值 叶量丰富，草产量高，适于刈割青饲、调制青贮料，也可加工为草粉利用。热研 20 号圭亚那柱花草化学成分见下表。

热研 20 号圭亚那柱花草的化学成分 (%)

样品情况	干物质	占干物质					钙	磷
		粗蛋白	粗脂肪	粗纤维	无氮浸出物	粗灰分		
营养期 鲜样	26.26	18.18	3.24	36.76	31.94	7.29	1.85	0.74
开花期 鲜样	26.21	19.01	2.84	36.28	31.84	7.12	2.03	0.85

果园间作

株丛

叶片形态

穗状花序局部

花特写

植株分枝

种子及荚果

栽培要点　播前用80℃热水浸种2～3分钟，同时用1%多菌灵水溶液浸种10～15分钟。常采用撒播或条播，条播行距60～100厘米，播种深度1～2厘米，自然覆土；撒播时将柱花草种子、磷肥、细土按比例混合均匀，然后撒播，一般重复播种一次，以防漏播或播种不匀。如种植地是沙地，可浅覆土或在处理好的种子中混入30%～50%的未处理的种子有利于建成草地。作为种子生产或建立高产刈割草地常采用育苗移栽法，播种前认真准备苗床，要起垅，垅宽1～15米，播种量30～50千克/公顷，撒播均匀后在沟内灌水或用花洒头轻轻洒水，保持垅上潮湿，3～5天后柱花草种子开始露白和出苗。此后进行正常的施肥、除草管理，待45～60天后柱花草株高25～30厘米，可以移栽，株行距80厘米×80厘米。

热研 21 号圭亚那柱花草

拉丁名 *Stylosanthes guianensis* (Aublet) Swartz cv. Reyan No. 21

品种来源 由中国热带农业科学院热带牧草研究中心申报，2011 年通过全国草品种审定委员会审定；登记为育成品种；品种登记号 440；申报者：刘国道、白昌军、王东劲、陈志权、严琳玲。

植物学特征 多年生半直立亚灌木状草本；株高 0.8～1.2 米，多分枝。羽状三出复叶，先端急尖，叶背腹均被疏柔毛；中间小叶较大，长 2.6～3.5 厘米、宽 4～7 毫米，两侧小叶较小，长 1.5～3.2 厘米、宽 0.5～1 厘米；托叶与叶柄贴生成鞘状，宿存，长 1.2～1.8 厘米。密穗状花序顶生或腋生；旗瓣乳白色，具红紫色细脉纹，长 5～7 毫米、宽 3～5 毫米，翼瓣 2 枚，比旗瓣短，黄色，雄蕊 10 枚，单体雄蕊。荚果卵形，具一节荚，深褐色，具短而略弯的喙，具 1 粒种子。种子肾形，黄色至浅褐色，具光泽，长 1.5～2.2 毫米，宽约 1 毫米。

生物学特性 耐干旱，可耐 4～5 个月的连续干旱，在年降雨量 755 毫米以上的热带地区表现良好；适应各土壤类型，尤耐低磷土壤和酸性瘦土，能在 pH 4～5 的强酸性土壤和贫瘠的砂质土壤上良好生长。在海南种植，10 月中旬开始开花，11 月下旬至 12 月上旬盛花，12 月底至翌年 1 月种子成熟。

饲用价值 草产量高，营养丰富，适口性好，各家畜喜食。适于刈割青饲或调制青贮料，也可加工成草粉利用。热研 21 号圭亚那柱花草化学成分见下表。

栽培群体

植株茎叶

花枝

花特写

种子及荚果

热研 21 号圭亚那柱花草的化学成分 (%)								
样品情况	干物质	占干物质					钙	磷
		粗蛋白	粗脂肪	粗纤维	无氮浸出物	粗灰分		
营养期 鲜样	25.98	19.82	2.52	30.97	36.08	7.57	2.62	0.42
开花期 鲜样	25.34	18.48	2.53	33.80	35.40	7.22	2.12	0.45

栽培要点 播前用 80℃ 热水浸种 2～3 分钟，清洗冷却后用 1% 多菌灵水溶液浸种 10～15 分钟。常采用撒播或条播，条播行距 60～100 厘米，播种深度 1～2 厘米，自然覆土；撒播前将柱花草种子、磷肥、细土按比例混合均匀，之后撒播，一般重复播种一次，以防漏播或播种不匀。如种植地是沙地，可浅覆土或在处理好的种子中混入 30%～50% 的未处理的种子有利于建成草地。作为种子生产或建立高产刈割草地常采用育苗移栽法，播种前认真准备苗床，要起垄，垄宽 1～1.5 米，播种量 30～50 千克/公顷，撒播均匀后在沟内灌水或用花洒头轻轻洒水，保持垄上潮湿，3～5 天后柱花草种子开始露白和出苗。此后进行正常的施肥、除草管理，待苗高 25～30 厘米时，可以移栽，株行距 80 厘米×80 厘米或 100 厘米×100 厘米。

热研 16 号卵叶山蚂蝗

拉丁名 *Desmodium ovalifolium* Wall. cv. Reyan No. 16

品种来源 由中国热带农业科学院热带牧草研究中心申报，2005 年通过全国草品种审定委员会审定，登记为引进品种；品种登记号 313；申报者：刘国道、白昌军、何华玄、唐军、李志丹。

植物学特征 多年生灌木状平卧草本；分枝细而多，稍具棱，上部贴生灰白色茸毛。三出复叶或下部小叶单叶互生；小叶近革质，绿色，顶端小叶阔椭圆形，长 2.5 ～ 4.5 厘米、宽 2.2 ～ 2.8 厘米，侧生小叶阔椭圆形，长 1.6 ～ 2.5 厘米、宽 1 ～ 1.5 厘米。总状花序顶生；花冠蝶形，长 6 ～ 8 毫米，蓝紫色。

荚果长 1.5 ～ 1.9 厘米，具 4 ～ 5 个节荚。种子扁肾形，微凹，淡黄色，长约 2 毫米，宽约 1.5 毫米。

生物学特性 喜潮湿的热带、亚热带气候，适应性广，抗逆性强，牧草产量较高。对土壤营养需求不高，能在高铝、高锰和低磷土壤上生长。具有较强的耐阴性和耐涝性。

饲用价值 叶量大，营养丰富，但适口性稍差，耐践踏。适于放牧利用。茎节通常着地生根，易形成表土覆盖层，因此可作为优良的水土保持植物。热研 16 号卵叶山蚂蝗化学成分见下表。

栽培植株

分枝

葡匐枝

叶片形态

花序

栽培要点 播种前采用80℃热水浸种3分钟、穴播、撒播或条播均可，播种量10～15千克/公顷，播种深度不宜超过1厘米，播后轻耙。也可采用育苗移栽，育苗时将种子播于整地精细的苗床，经常淋水保湿，50～60天后移栽，选阴雨天定植，定植株行距为80厘米×80厘米，移栽前用黄泥浆根可明显提高其成活率。由于初期生长缓慢，需及时除杂。人工草地建植2个月后即可放牧，适于轮牧，轮牧间隔期6～8周。刈割利用时，每年刈割3～4次，留茬30～50厘米。

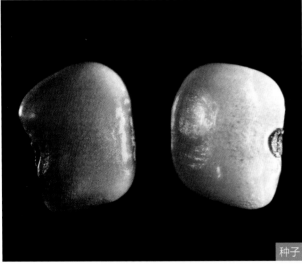

种子

热研16号卵叶山蚂蝗的化学成分(%)

样品情况	干物质	占干物质					钙	磷
		粗蛋白	粗脂肪	粗纤维	无氮浸出物	粗灰分		
营养期 鲜样	22.41	13.43	2.48	36.52	41.46	6.11	0.83	0.11

色拉特罗大翼豆

拉丁名 *Macroptilium atropurpureum* (DC.) Urb. cv. Siratro

品种来源 由中国热带农业科学院热带牧草研究中心申报，2002年通过全国草品种审定委员会审定，登记为引进品种；品种登记号248；申报者：易克贤、何华玄、刘国道、白昌军、符南平。

植物学特征 多年生缠绕性草质藤本。主根粗壮。茎匍匐，被柔毛，分枝向四周伸展，长达4米以上。三出复叶；小叶卵圆形、菱形或披针形，长3～8厘米、宽1～3.5厘米，先端急尖，基部楔形，上面无毛，下面密被短柔毛或薄被长柔毛，无裂片或微具裂片。总状花序，总花梗长10～20厘米；花深紫色，翼瓣特大。荚果直，扁圆形，长5～9厘米，直径4～6毫米，含种子7～13粒，成熟时容易自裂。种子扁卵圆形，浅褐色或黑色。

生物学特性 喜潮湿温暖的热带和亚热带气候，最适生长温度为25～30℃，当气温13～21℃时生长缓慢，受霜后地上部枯黄。在土壤pH 4.5～8、年降雨量650～1 800毫米的地区均可种植。一般3～12月均可开花，6～12月均有种子成熟。

饲用价值 干物质产量每公顷为8 250～9 000千克，适口性佳，牛、羊、鹿等家畜喜食。色拉特罗大翼豆化学成分见下表。

植株

茎叶局部特写

叶片背腹面形态

花

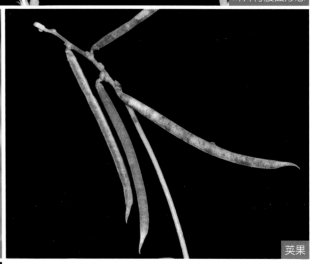
荚果

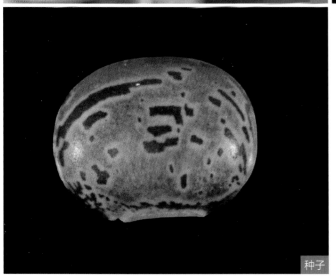
种子

栽培要点　对土壤要求不严，作牧草利用时，宜选择肥力中等、排水良好的壤土上种植。播种前应除杂并翻耕整地。3～6月均可播种，最适播种期为4～5月，从播种到建植覆盖一般需45～55天，在山地果园套种可早播，以利于雨季来临前形成覆盖。撒播、条播和穴播均可。播种量撒播为7.5～15千克/公顷、条播为3.75～7.5千克/公顷、穴播时每穴播3～5粒种子，播后覆土1～3厘米，播后60～70天即可刈割，刈割间隔时间不宜少于4周，留茬高度5～10厘米。

色拉特罗大翼豆的化学成分 (%)

样品情况	干物质	占干物质					钙	磷
		粗蛋白	粗脂肪	粗纤维	无氮浸出物	粗灰分		
营养期 绝干	100.00	22.18	2.42	25.38	36.75	13.20	0.07	—
现蕾期 绝干	100.00	17.70	4.92	37.28	32.30	7.80	1.22	0.24

美洲合萌

拉丁名 *Aeschynomene americana* L.

品种来源 由广西壮族自治区畜牧研究所申报,1994年通过全国草品种审定委员会审定,登记为引进品种;品种登记号163;申报者:赖志强、宋光谟、唐积超、苏平、罗双喜。

植物学特征 一年生或短期多年生灌木状草木;高0.7～2米。根系发达。茎直立,分枝能力强,分枝数30～50个,茎粗3～9毫米,茎枝被绒毛。偶数羽状复叶,互生,长2～15厘米、宽5～25毫米;小叶2排,每排10～33对。花序腋生,总花梗有疏刺毛,具花2～4朵;花萼2唇形,花浅黄色,长约8毫米,子房具柄,有胚珠2至多颗,荚果扁平,长2～4厘米、宽约3毫米,有4～10个荚节,成熟后容易脱落,内含种子5～8粒。

种子肾形,深褐色或黑色,肾形,长约2毫米、宽约1毫米。

生物学特性 喜温暖湿润气候,耐高湿,适宜在潮湿的土壤中生长,适于年平均气温18℃以上,降雨量1 000毫米以上的热带、亚热带地区种植。7～8月生长最旺盛,9月下旬至10月上旬开花,11月上旬结实,12月中旬种子成熟,植株开始枯黄,生育期170～190天。

饲用价值 叶量丰富、草质柔软、适口性好,牛、羊、猪、鸡、鸭、兔、鱼等动物喜食,尤其喂兔增重明显。美洲合萌的化学成分见下表。

株丛

叶片形态

花序特征

果枝

荚果形态

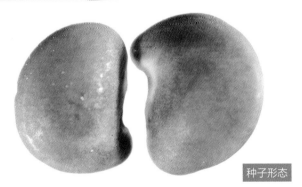
种子形态

栽培要点 春播，建植放牧草地宜撒播、建植刈割草地宜条播。播种前接种豇豆族根瘤菌，去壳种子播种量每公顷 7.5 千克，带壳种子每公顷 15 千克。第一次宜在高度 80 厘米时刈割，留茬 20 厘米。刈割和放牧利用的草地都应在 9 月中旬至 10 月下旬停止利用，以便开花，结籽，有足够的种子落地供更新利用。

美洲合萌的化学成分 (%)								
样品情况	干物质	占干物质比例					钙	磷
		粗蛋白	粗脂肪	粗纤维	无氮浸出物	粗灰分		
营养期 绝干	100.00	22.59	3.54	32.38	34.99	6.48	1.53	0.83

桂引山毛豆

拉丁名 *Tephrosia candida* DC. cv. Guiyin

品种来源 由广西壮族自治区畜牧研究所申报，2009年通过全国草品种审定委员会审定，登记为引进品种；品种登记号426；申报者：赖志强、易显凤、蔡小艳、姚娜、韦锦益。

植物学特征 多年生灌木；高1～3.5米。羽状复叶长15～25厘米，叶柄长1～3厘米；小叶8～12对，长圆形，长3～6厘米、宽6～16毫米，先端具细凸尖，腹面无毛，背面密被平伏绢毛。总状花序顶生或侧生，长15～20厘米，疏散多花；苞片钻形，长约3毫米，花梗长约1厘米，花萼阔钟状，长宽各约5毫米，密被茸毛，花冠白色，旗瓣外面密被白色绢毛，翼瓣和龙骨瓣无毛，子房密被绒毛，花柱扁，内侧有稀疏柔毛，柱头点状，胚珠多数。荚果直，线形，密被褐色绒毛，长8～10厘米、宽7.5～8.5毫米，

顶端渐尖，喙直，长约1厘米，有种子10～15粒。种子平滑，椭圆形，榄绿色，具花斑，长约5毫米、宽约3.5毫米、厚约2毫米，种脐稍偏，种阜环形，明显。

生物学特性 适于热带及亚热带冬季较温暖地区种植。适应性强，对土壤要求不严，无论是沙土、黏土和壤土均能生长，但以上层深厚、疏松肥沃的壤土生长最好。根系发达，具多数根瘤。自然脱落的种子能在地表越冬，与嫩芽同期出苗生长，在广西种植通常10月初进入现蕾期，11月中下旬进入盛花期；12月末至翌年2月为种子成熟期。

利用价值 作为饲料，每年可刈割2～3次。桂引山毛豆的根茎叶均含鱼藤酮，可用来生产杀虫剂，为农业生产提供绿肥和生物农药的原料。桂引山毛豆化学成分见下表。

植株

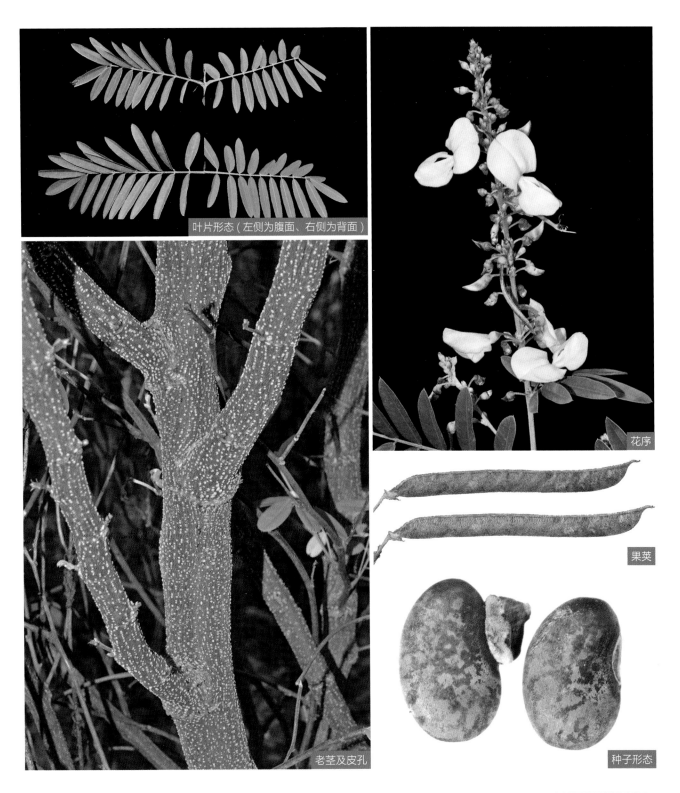

叶片形态（左侧为腹面、右侧为背面）

花序

果荚

种子形态

桂引山毛豆的化学成分 (%)								
样品情况	干物质	占干物质					钙	磷
		粗蛋白	粗脂肪	粗纤维	无氮浸出物	粗灰分		
开花期 绝干	100.00	19.45	4.05	34.86	35.69	5.94	0.46	0.51

栽培要点 用种子繁殖，播种期为 3 ～ 5 月，播种前用 50 ～ 60℃温水浸种半小时，晾干后播种，播种量 15 ～ 18 千克/公顷，贫瘠地块株行距 50 厘米×60 厘米，水肥条件较好的地块株行距 60 厘米×100 厘米，种子田为 100 厘米×100 厘米。

沙费蕾肯尼亚白三叶

拉丁名 *Trifllium semipilosum* Fres. var. *galbrescens* Gillet cv. Safari

品种来源 由云南省草地动物科学研究院申报,2002年通过全国草品种审定委员会审定,登记为引进品种;品种登记号250;申报者:周自玮、黄梅芬、吴维琼、奎嘉祥、匡崇义。

植物学特征 多年生草本。主根发达。匍匐茎斜向生长,茎节卜牛根并抽出新枝条。叶片1/3处沿中脉有一条纺锤形白斑将中脉包在中间,明显区别于白三叶小叶上与中脉垂直的"V"形白斑。花序球形,直径约2厘米,含小花10～20朵;花冠粉红色,长8～9毫米。荚果长约5毫米、宽近3毫米,成熟时由浅绿色变为褐色,每荚含种子2～6粒。种子呈黄色、褐色、浅橄榄色或黑色。

生物学特性 抗烟草花叶病毒能力弱、耐寒性和耐水淹能力不如白三叶,霜冻后再生缓慢。适宜的土壤pH 5～7,在酸性土壤生长及结瘤情况比白三叶好。耐铝能力强于白三叶和苜蓿。

植株及花序

种子形态

饲用价值　全株体外消化率为71%，叶片80%，均比白三叶略低，但高于绝大多数热带、亚热带豆科牧草，适于放牧利用。沙费蕾肯尼亚白三叶化学成分见下表。

栽培要点　种子出苗差，幼苗易感卷叶病，因此在播前应精细整地，并用含有效成分36%的草甘磷清除地面杂草，然后免耕播种。云南最适播种期为5～7月，我国南方其他省份，宜3～4月春播，或9～10月秋播。播种时将种子播于土壤表面，播后轻耙压实。播种当年秋冬可轻度利用。云南种植时基肥的用量为：氮60～90千克/公顷、氯化钾50～100千克/公顷、硫酸铜5千克/公顷、硫酸锌5千克/公顷、钙镁磷肥300～600千克/公顷。

沙费蕾肯尼亚白三叶化学成分 (%)								
样品情况	干物质	占干物质					钙	磷
		粗蛋白	粗脂肪	粗纤维	无氮浸出物	粗灰分		
开花期　绝干	100.00	20.80	2.50	36.60	30.30	9.80	1.20	0.54

海法白三叶

拉丁名 *Trifllium repens* L. cv. Haifa

品种来源 由云南省草地动物科学研究院申报，2002年通过全国草品种审定委员会审定，登记为引进品种；品种登记号249；申报者：奎嘉祥、胡汉栗、薛世明、周自玮、黄梅芬。

植物学特征 短期多年生草本；高0.1～0.3米。主根短，侧根和须根发达。茎匍匐蔓生，上部稍上升，节上生根，全株无毛。掌状三出复叶；小叶倒卵形至近圆形，长8～20（～30）毫米、宽8～16（～25）毫米，先端凹头至钝圆，基部楔形渐窄至小叶柄，小叶柄长1.5毫米，微被柔毛；托叶卵状披针形，膜质，基部抱茎成鞘状，叶柄较长，长10～30厘米。总状花序球形，顶生，直径15～40毫米，总花梗甚长，比叶柄长近1倍，具花20～50（～80）朵，密集，无总苞；苞片披针形，膜质，锥尖，花长7～12毫米，萼钟形，具脉纹10条，萼齿5，披针形，花冠白色，旗瓣椭圆形，比翼瓣和龙骨瓣长近1倍，子房线状长圆形，胚珠3～4粒。荚果长圆形，种子通常3粒。种子阔卵形。

生物学特性 适应范围广，抗旱、耐牧、耐热、耐瘠薄，在云南中亚热带、北亚热带、暖温带、中温带均可种植。最适宜云南北亚热带和中亚热带，海拔1400～3000米，年降雨量650～1500毫米地区种植。花果期5～10月，种子产量为每公顷150～300千克。

饲用价值 叶量丰富、草质柔嫩、适口性好，特别适合放牧利用。在云南昆明、丽江等地种植，年均干草产量为每公顷2000～3000千克。海法白三叶化学成分见下表。

大面积草坪

叶片形态

花序

栽培要点 海法白三叶种子细小，幼苗顶土力弱，因此播种前需精细整地并进行化学除草，以控制播种后杂草生长，一般在杂草基本出齐时喷洒除草剂，喷药后第二天就便可播种。播种分春播和秋播，春播种子苗生长慢；秋季墒情好杂草少，因此秋播比春季更易成功。海法白三叶草种子细小、播种量少，可加 5 ~ 10 倍细沙土拌匀后播种，利于播种均匀。裸露种子播种量为 7.5 千克 / 公顷，包衣种子播种量 15 千克 / 公顷。播种方法有撒播或条播，播后覆细土 1 厘米。

海法白三叶的化学成分 (%)

样品情况	干物质	占干物质					钙	磷
		粗蛋白	粗脂肪	粗纤维	无氮浸出物	粗灰分		
开花期 绝干	100.00	21.80	3.00	29.80	36.20	13.00	1.70	0.35
开花期 风干	87.00	21.30	2.20	10.90	41.30	11.30	1.72	0.34

热研 17 号爪哇葛藤

拉丁名 *Pueraria phaseoloides* Benth. cv. Renyan No. 17

品种来源 由中国热带农业科学院热带牧草研究中心申报，2006 年通过全国草品种审定委员会审定，登记为引进品种；品种登记号 326；申报者：白昌军、刘国道、何华玄、李志丹、虞道耿。

植物学特征 多年生草质藤本。根深 2～4 米。主茎长达 10 米以上，全株有毛。叶为羽状复叶；有小叶 3 片，顶生小叶卵形、菱形或近圆形，长 6～20 厘米、宽 6～15 厘米。总状花序腋生，长 15～20 厘米；花紫色。荚果圆柱状条形，长 5～8 厘米，含种子 10～20 粒。种子棕色，长约 3 毫米、宽约 2 毫米。

生物学特性 喜潮湿的热带气候，适应性广，耐涝，耐阴。耐重黏质和酸瘦土壤，在 pH 为 4.5～5 的强酸性土壤和贫瘠的砂质土壤上生长良好。热研 17 号爪哇葛藤在海南种植于 11 月下旬开花，翌年 1 月种子成熟。

饲用价值 茎叶柔嫩，适口性好，营养价值高，在海南年干草产量可达 4 600 千克/公顷，适于放牧利用或调制青贮饲料。热研 17 号爪哇葛藤化学成分见下表。

植株

热研 17 号爪哇葛藤的化学成分 (%)								
样品情况	干物质	占干物质					钙	磷
		粗蛋白	粗脂肪	粗纤维	无氮浸出物	粗灰分		
营养期 鲜样	20.54	19.26	1.29	35.75	37.99	7.66	1.38	0.17

栽培要点　播种前需用60℃温水浸种4～5小时，将膨胀的种子取出，未膨胀的种子再重复处理分离3次，最后剩下的用80℃热水浸种。在海南3～4月即可播种，挖穴点播，株行距50厘米×100厘米或100厘米×100厘米，播种前施腐熟有机肥7 500～15 000千克/公顷和过磷酸钙150～200千克/公顷作为基肥。每穴播种3～4粒种子，盖土2厘米。种植后10～15天进行补苗。若幼苗生长不好，应施浓度为0.5%尿素水肥液以促进生长。苗期生长缓慢，在未完全覆盖地面前应每月除草一次。一般人工草地建植2～3个月以后方可放牧利用，适于轮牧，轮牧间隔期6～8周。刈割利用时，年刈割3～4次，留茬高度30～50厘米。

花

种子

花序及幼英

赣饲 5 号葛

拉丁名 *Pueraria lotata* (Willd) Ohwi. cv. Gansi No. 5

品种来源 由江西省饲料科学研究所申报，2000 年通过全国草品种审定委员会审定，登记为育成品种；品种登记号 218；申报者：周泽敏。

植物学特征 草质藤本。具块根。茎被稀疏的棕色长硬毛。羽状复叶具 3 小叶；顶生小叶卵形，长 12～23 厘米、宽 11～22 厘米，三浅裂，或不裂，先端渐尖，侧生小叶斜宽卵形，稍小，多少二裂，先端短渐尖，基部截形或圆形，两面被短柔毛，小叶柄及总叶柄均密被长硬毛，总叶柄长 3.5～16 厘米；托叶背着，箭形，小托叶披针形，长 5～7 毫米。总状花序较短，花稀疏，苞片卵形，长 4～6 毫米；小苞片每花 2 枚，卵形，长 2～3 毫米，花梗纤细，长达 7 毫米，花紫色，花萼钟状，内外被毛或外面无毛，萼管长 3～5 毫米，萼裂片 4，披针形，长 4～7 毫米，旗瓣近圆形，长 14～18 毫米，翼瓣倒卵形，长约 16 毫米，龙骨瓣偏斜，腹面贴生，雄蕊单体，花药同型，子房被短硬毛。荚果带形，长 5.5～6.5 厘米、宽约 1 厘米，被黄色长硬毛，有种子 9～12 颗。种子扁平，卵形，长 4 约毫米、宽约 2.5 毫米。

生物学特性 喜高温多雨的气候，较耐阴、耐旱，适合用大田、荒坡山地栽种，根块产量高。在江西的南昌、余江和横峰于 10 月中旬开花；12 月下旬种子成熟。

饲用价值 适口性好、产量高、茎叶富含蛋白质，适宜刈割青饲或调制青贮饲料利用。赣饲 5 号葛化学成分见下表。

栽培群体

叶片

栽培要点 选择土层深厚、肥沃的地块种植。适宜育苗移栽，育苗可利用其匍匐茎着地生根的特性培育新苗，每公顷可育30万～45万株苗。江西种植，宜每年3月中旬至4月上旬移栽。起苗后将种苗浸水12～24小时，可明显提高成活率。按每公顷900株起垄种植，垄内开浅沟并施足基肥，定植时苗平直伸展，芽向上、节芽出土，然后覆盖薄土，浇足定根水。移栽后及时中耕除草并补苗，待移栽成活后追施复合肥，以促进枝叶伸展及块根形成。

托叶及幼茎

赣饲5号葛块根及叶片的化学成分 (%)								
样品情况	干物质	占干物质					钙	磷
		粗蛋白	粗脂肪	粗纤维	无氮浸出物	粗灰分		
块根 绝干	100.00	5.37	0.33	2.64	90.04	1.62	0.26	0.17
叶片 绝干	100.00	27.18	4.47	18.00	39.57	10.78	1.39	0.29

迈尔斯罗顿豆

拉丁名 *Lotononis bainesii* Baker. cv. Miles

品种来源 由中国农业科学院土壤肥料研究所祁阳红壤实验站申报，2001 年通过全国草品种审定委员会审定，登记为引进品种；品种登记号 223；申报者：文石林。

植物学特征 多年生铺匐草本；草层高 0.6 米。茎细长光滑，长 1.2～1.5 米。掌状三出复叶，偶有四叶或五叶；叶片长条形，顶端尖，基部略圆，叶柄长 0.6～5 厘米。总状花序，花密集成伞状，有 8～23 朵小花；花梗长约 15 厘米，花黄色。果荚长条形，成熟时易裂荚。种子椭圆形或不对称心形，米色至黄色或品红色。

生物学特性 适应性强，耐酸性瘦土、耐干旱和霜冻、稍耐阴。根系发达，根瘤多，固氮能力强。茎节着地生根，繁殖速度快，竞争能力强，能与多种禾本科牧草混播生长良好。

利用价值 适口性极佳，猪、牛、羊、兔均喜食。生长季长，可一年四季为牲畜提供饲草。由于常绿及匍匐茎节上生根的特性，使其具良好的水土保持效果同时被用作建植草坪。迈尔斯罗顿豆化学成分见下表。

迈尔斯罗顿豆的化学成分 (%)								
样品情况	干物质	占干物质					钙	磷
		粗蛋白	粗脂肪	粗纤维	无氮浸出物	粗灰分		
开花期 绝干	100.00	19.30	4.00	27.00	41.60	—	—	—

栽培群体

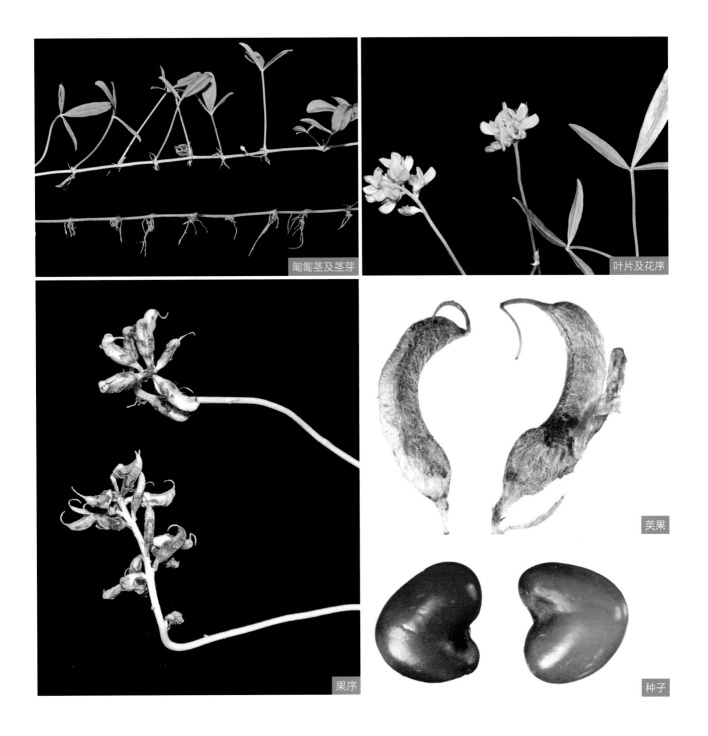

葡匐茎及茎芽

叶片及花序

荚果

果序

种子

栽培要点 建植方式有直播和育苗移栽两种。直播建植草地最适播期为每年 4 月，播种量 1.2～2.1 千克/公顷，播前拌种根瘤菌，可撒播，播后不盖土，但最好用稻草或地膜覆盖以防雨水将种子淋入深层使土壤板结而影响出苗，播后 8 周生长迅速，当年主要是营养生长，开花结荚少。在红壤地种植，每公顷施尿素 45 千克、氯化钾 165 千克作基肥。可在任何季节移栽成活，但最佳移栽期在 3～4 月，移栽间距视土壤肥力而定，肥力较好地块按 50 厘米×50 厘米定植，肥力较差地块按 30 厘米×30 厘米定植，一般栽后一个月即可封行，如和其他牧草混种，间距可适当加大，当草层高于 15 厘米时，即可刈割利用。

闽引羽叶决明

拉丁名 *Chamaecrista nictitans* (L.) Moench cv. Minyin

品种来源 由福建省农业科学院农业生态研究所申报，2001 年通过全国草品种审定委员会审定，登记为引进品种；品种登记号 224；申报者：黄毅斌、应朝阳、翁伯奇、曹海峰、方金梅。

植物学特征 多年生直立草本。直根系，侧根发达，主要分布在 30 厘米土层内。茎圆形，高 1.1～1.5 米。羽状复叶、互生，平行脉序；小叶条形，长 5.4～5.7 厘米、宽 1.8～2.1 厘米。花腋生，黄色，假蝶形花冠，花瓣 5 片，雄蕊 9 枚，单雌蕊。荚果扁平状。种子不规则扁平长方形，棕黑色，种皮坚硬。

生物学特性 喜高温，具明显的耐瘠、耐旱、耐酸、抗铝毒等特点。适宜福建、江西、广东、海南等热带、亚热带地区种植。在福建种植，7～8 月初花，9～10 月种子成熟。冬季初霜后地上部逐渐死亡、干枯，茎基部及根部仍能宿存。海南种植全年保持青绿。

饲用价值 鲜草产量高，营养丰富，适口性好，是牛、羊、猪、鱼、鹅等畜禽的良等饲料。可青饲、青贮或生产叶粉作为畜、禽饲用。闽引羽叶决明化学成分见下表。

植株及叶片形态

花序

花

果荚

种子

闽引羽叶决明的化学成分 (%)

样品情况	干物质	占干物质					钙	磷
		粗蛋白	粗脂肪	粗纤维	无氮浸出物	粗灰分		
盛花期 绝干	100.00	14.96	4.19	27.06	—	9.55	0.38	0.17

栽培要点 播种前用除草剂除杂并精细整地。在福建最佳播期为 5 月上旬，播种量 7.5～11.25 千克 / 公顷。穴播、条播、撒播均可，穴播、条播株行距 20 厘米×30 厘米，穴播每穴 4～5 粒种子，撒播应适当加大播种量，播种深度 1～2 厘米。播种前每公顷施复合肥 75～150 千克作基肥。苗期建植较慢，需适时中耕除草 1～2 次，并视苗情少量追肥，6～7 月后生长旺盛，形成覆盖层。播种当年可收割 1～2 次，留茬高度约 10 厘米，宜在现蕾期或初花期收割，结荚后茎易老化，可刈割翻压作绿肥或作覆盖物。荚果成熟后易裂开，故要掌握好采种时间，一般在荚果变成黑褐色时采收。

威恩圆叶决明

拉丁名 *Chamaecrista rotundifolia* (Pers.) Greene cv. Wynn

品种来源 由中国农业科学院土壤肥料研究所祁阳红壤实验站申报，2001 年通过全国草品种审定委员会审定，登记为引进品种；品种登记号 222；申报者：文石林、徐明岗、罗涛、张久权、谢良商。

植物学特征 短期多年生半直立草本；高 0.45～1.1 米。直根系，主根长达 80 厘米。茎半直立，中度木质化。叶片有两小叶，不对称，近圆形至倒卵圆形，长 2.3～3.7 厘米、宽 1.8～2.5 厘米。花腋生，黄色。荚果扁平状，成熟后易爆裂。种子呈不规则扁平四方形，黄褐色。

生物学特性 耐酸，土壤 pH 为 4.2～5.6 时仍能正常生长，被用作红壤丘陵区水土保持和荒地开发的先锋植物；抗旱，当土壤水分低于 6.5% 时才出现轻度萎蔫；耐瘠薄、耐重牧、耐践踏；具一定的耐阴性，适于在果园行间套种；不耐霜冻，在轻霜或无霜地区才能安全越冬。

饲用价值 在瘠薄土壤上年产干草 4 890～5 960 千克/公顷，肥力较高地块年产干草 7 850～8 630 千克/公顷，适口性一般，羊喜食，可用作青贮和干草打粉。威恩圆叶决明化学成分见下表。

栽培群体

植株　果枝　花序　叶片及托叶　花特写　果荚　种子

威恩圆叶决明的化学成分 (%)								
样品情况	干物质	占干物质					钙	磷
		粗蛋白	粗脂肪	粗纤维	无氮浸出物	粗灰分		
初花期 绝干	100.00	20.20	4.50	29.60	39.40	6.30	0.90	0.31

栽培要点　种子硬实率高，播种前用80℃的热水浸泡3分钟，使种皮软化后播种。在湖南一般4月上旬播种，撒播播种量为10千克/公顷。如4月雨水丰富，土壤湿度大，也可不进行种子处理就可播种。播前每公顷施用过磷酸钙450～750千克、氯化钾100千克作基肥。播后植株高超过30厘米时，应进行刈割或放牧，一般每年可刈割3～4次。9月刈割时应留一部分不割，让其开花结荚，以便第二年有足够落地种子萌发。

闽引圆叶决明

拉丁名 *Chamaecrista rotundifolia* (Pers.) Greene cv. Minyin

品种来源 由福建省农业科学院农业生态研究所申报，2005年通过全国草品种审定委员会审定，登记为引进品种；品种登记号314；申报者：应朝阳、黄毅斌、翁伯琦、林永生、徐国忠。

植物学特征 多年生半直立型草本。直根系，侧根发达，主要分布在20厘米土层内。茎圆形，草层高60～80厘米。复叶、互生，由两片小叶组成；小叶不对称，倒卵圆形，长3.4～4厘米、宽1.8～2.5厘米。花腋生，黄色，假蝶形花冠，花瓣5片，覆瓦状排列，雄蕊7枚，单雌蕊。荚果扁平状。种子不规则扁平四方形，黄褐色。

生物学特性 喜高温，具有耐瘠、耐旱、耐酸、抗铝毒、固氮能力强等特点，适宜热带、亚热带红壤区种植，用于改良土壤、保持水土。在福建通常7～11月为生长旺季，9月初开花，花期长；10～11月种子成熟。冬季初霜后地上部逐渐死亡、干枯，表现出一年生性状，次年主要靠落地种子自然萌发繁殖。在海南全年保持青绿。

饲用价值 年平均鲜草产量45 000～54 000千克/公顷。鲜草适口性较差，宜在现蕾期或初花期收割，用作青贮和加工草粉。闽引圆叶决明化学成分见下表。

栽培群体

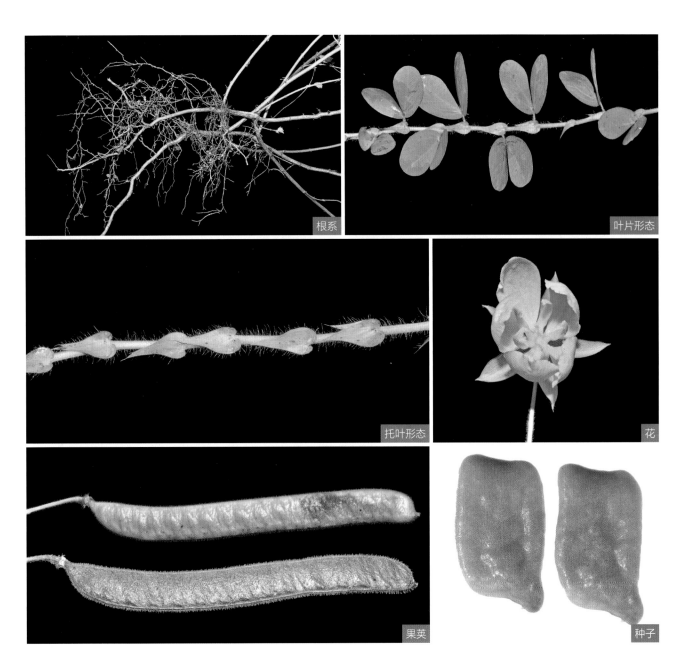

根系

叶片形态

托叶形态

花

果荚

种子

闽引圆叶决明的化学成分 (%)								
样品情况	干物质	占干物质					钙	磷
		粗蛋白	粗脂肪	粗纤维	无氮浸出物	粗灰分		
盛花期 绝干	100.00	17.59	4.23	27.89	—	6.15	0.77	0.27

栽培要点 播种前用 80℃的热水浸泡 3 分钟，使种皮软化、胶状物析出后用清水反复冲洗干净后播种。播前用除草剂除杂并精细整地。在福建最佳播期为 5 月上旬，播种量 7.5 ～ 11.25 千克 / 公顷。穴播、条播、撒播均可，穴播、条播株行距 20 厘米 × 30 厘米，穴播每穴 4 ～ 5 粒种子，撒播应适当加大播种量，播种深度 1 ～ 2 厘米。每公顷施钙镁磷肥 75 ～ 150 千克作基肥，新开垦的红壤地还应适当追施氮肥、钾肥。苗期建植较慢，需适时中耕除草 1 ～ 2 次，并视苗情少量追肥，6 ～ 7 月后生长旺盛。播种当年可收割 1 ～ 2 次，留茬高度不低于 10 厘米，宜在现蕾期或初花期收割，结荚后茎易老化，可刈割翻压作绿肥。

闽引 2 号圆叶决明

拉丁名 *Chamaecrista rotundifolia* (Pers.) Greene cv. Minyin No. 2

品种来源 由福建省农业科学院农业生态研究所申报，2011 年通过全国草品种审定委员会审定，登记为引进品种；品种登记号 443；申报者：应朝阳、李春燕、罗旭辉、陈恩、詹杰。

植物学特征 多年生直立草本，高 1.2 ~ 1.5 米。茎圆柱状，绿色至红褐色，具稀短柔毛。复叶、互生，具 2 小叶；小叶倒卵圆形，长 2.6 ~ 3.4 厘米、宽 1.7 ~ 2 厘米；托叶三角形。花腋生，假蝶形花冠，花冠辐射对称。种子扁平四棱形，淡暖褐色。

生物学特性 抗逆性强、耐瘠、耐酸、耐铝毒。南亚热带 4 月开始生长，中亚热带 5 月开始生长，夏季生长最旺，7 ~ 11 月为生长盛期，8 月上旬初花，花期长，可延续至初霜；10 ~ 12 月种子成熟，荚果成熟后易自裂。植株耐轻度霜冻，在闽北地区基本不能越冬，主要依靠散落地面种子萌发建植，在闽南地区越冬率较高。在海南种植全年保持青绿。

饲用价值 植株营养丰富，鲜草适口性较差。宜在现蕾期或初花期收割，用作青贮和调制草粉。闽引 2 号圆叶决明化学成分见下表。

栽培群体

根系　叶片形态　花序及托叶　花　果荚　种子

闽引 2 号圆叶决明的化学成分 (%)								
样品情况	干物质	占干物质					钙	磷
		粗蛋白	粗脂肪	粗纤维	无氮浸出物	粗灰分		
盛花期 绝干	100.00	16.90	2.84	35.41	—	3.58	—	—

栽培要点　播种前用 80℃热水浸泡 3 分钟，使种皮软化、胶状物析出后用清水反复冲洗干净后播种。播前用除草剂除杂并精细整地。在福建最佳播期为 5 月上旬，播种量 19.95 ～ 30 千克 / 公顷。穴播、条播、撒播均可，穴播、条播株行距 20 厘米 × 30 厘米，穴播每穴 4 ～ 5 粒种子，撒播应适当加大播种量，播种深度 1 ～ 2 厘米。每公顷施钙镁磷肥 75 ～ 150 千克作基肥，新开垦的红壤地还应适当追施氮肥、钾肥。苗期建植较慢，需适时中耕除草 1 ～ 2 次，并视苗情少量追肥，6 ～ 7 月后生长旺盛，形成覆盖层。播种当年可收割 1 ～ 2 次，留茬高度约 10 厘米，宜在现蕾期或初花期收割，结荚后茎易老化，可刈割翻压作绿肥或作覆盖物。

闽育 1 号圆叶决明

拉丁名 *Chamaecrista rotundifolia* (Pers.) Greene cv. Minyu No. 1

品种来源 由福建省农业科学院农业生态研究所申报，2011 年通过全国牧草品种审定委员会审定，登记为育成品种；品种登记号442；申报者：翁伯琦、徐国忠、郑向丽、叶花兰、王俊宏。

植物学特征 多年生半直立型草本。直根系，侧根发达，主要分布在 20 厘米土层内。茎圆形，半木质化，高 60 ～ 90 厘米。叶互生，由两片小叶组成；小叶倒卵圆形，不对称，长 2.5 ～ 3.5 厘米、宽 1 ～ 2 厘米，叶柄长 5 ～ 8 毫米，被白色绒毛；托叶披针形，长约 10 毫米。花腋生，1 ～ 2 朵，花梗细长，长于叶片，假蝶形花冠，花瓣黄色，花萼披针形；雄蕊 5 枚，花丝极短，单雌蕊，子房上位。荚果为扁长条形，长 2.5 ～ 3 厘米、宽约 5 毫米，果荚易裂，成熟时为黑褐色，呈不规则扁平四方形。

生物学特性 喜高温，具耐瘠、耐旱、耐酸、抗铝毒、固氮能力强等特点。适宜热带、亚热带红壤区种植。在福建种植 8 月生长旺盛，9 ～ 10 月开始开花，花期可延续至初霜；10 ～ 11 月种子成熟，11 月下旬叶片开始转黄。冬季初霜后地上部逐渐死亡、干枯。在海南全年保持青绿。

果园间作

饲用价值　鲜草产量高，营养丰富，适口性较差。宜在现蕾期或初花期收割，调制青贮饲料或加工草粉。闽育1号圆叶决明化学成分见下表。

栽培要点　播种前用80℃热水浸泡3分钟，使种皮软化、胶状物析出后用清水反复冲洗干净后播种。播前用除草剂除杂并精细整地。在福建最佳播期为5月上旬，播种量7.5～11.25千克/公顷。穴播、条播、撒播均可，穴播、条播株行距20厘米×30厘米，穴播每穴4～5粒种子，撒播应适当加大播种量，播种深度1～2厘米。每公顷施钙镁磷肥75～150千克作基肥，新开垦的红壤地还应适当追施氮肥、钾肥。苗期建植较慢，需适时中耕除草1～2次，并视苗情少量追肥，6～7月后生长旺盛，形成覆盖层。播种当年可收割1～2次，留茬高度约10厘米。

闽育1号圆叶决明的化学成分 (%)

样品情况	干物质	占干物质					钙	磷
		粗蛋白	粗脂肪	粗纤维	无氮浸出物	粗灰分		
初花期　绝干	100.00	19.15	4.28	27.56	—	8.40	—	—

花部特征

植株形态

花特写

果荚

种子

福引圆叶决明 1 号

拉丁名 *Chamaecrista rotundifolia* (Pers.) Greene cv. Fuyin No. 1

品种来源 由福建省农业科学院农业生态研究所、福建省农业厅土肥站申报，2004 年通过福建省非主要农作物品种认定委员会认定，登记为引进品种；品种登记号闽认肥2004001；申报者：翁伯琦、应朝阳、方金梅、黄毅斌、徐志平。

植物学特征 多年生草本。直根系，侧根发达。茎圆形，高 40～110 厘米。叶互生，由两片小叶组成，不对称；小叶倒卵状圆形，长 2.8～2.9 厘米、宽 1.2～1.5 厘米。花腋生，黄色，假蝶形花冠，花瓣覆瓦状排列。雄蕊 5 枚，单雌蕊。荚果扁长条形，长 2～4.5 厘米，成熟时易裂。种子呈不规则扁平四方形，黄褐色。

生物学特性 喜高温，具有抗旱性强，耐瘠、固氮能力强等优点。在福建宜 4～5 月播种，6～7 月开花，花期长；种子成熟度不一致。种子发芽率高，第一年散落的种子，有 80% 以上能在次年发芽。冬季初霜后地上部逐渐死亡、干枯，基部主茎及根系仍能存活，在中亚热带及其以南地区可安全越冬，在海南全年保持青绿。

饲用价值 鲜草产量高，营养丰富，可青饲、青贮或生产叶粉作为畜、禽饲用。也可刈割翻压作绿肥或作覆盖物。福引圆叶决明 1 号化学成分见下表。

栽培群体

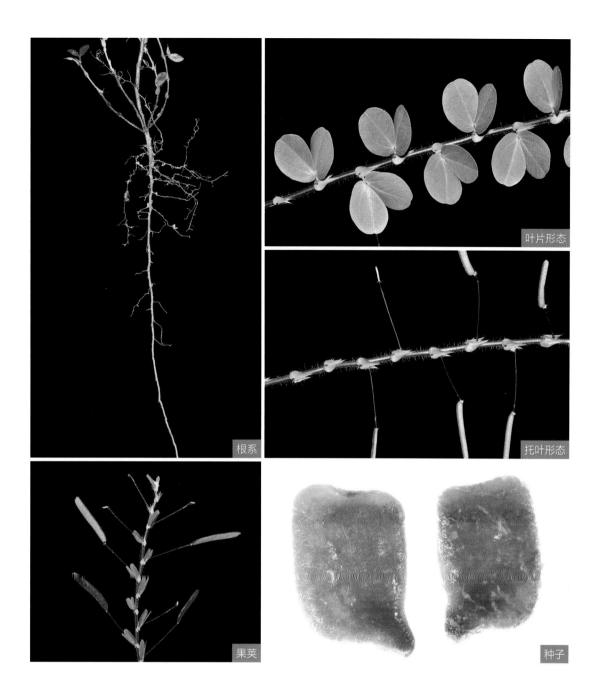

根系

叶片形态

托叶形态

果荚

种子

福引圆叶决明 1 号的化学成分 (%)								
样品情况	干物质	占干物质					钙	磷
		粗蛋白	粗脂肪	粗纤维	无氮浸出物	粗灰分		
盛花期 绝干	100.00	16.71	4.58	30.31	—	6.85	0.61	0.28

栽培要点 播种前用 80℃的热水浸泡 3 分钟，使种皮软化、胶状物晰出后用清水反复冲洗干净后播种。播前用除草剂除杂并精细整地。在福建最佳播期为 5 月上旬，播种量 7.5 ～ 11.25 千克 / 公顷。穴播、条播、撒播均可，穴播、条播株行距 20 厘米×30 厘米，穴播每穴 4 ～ 5 粒种子，撒播应适当加大播种量，播种深度 1 ～ 2 厘米。每公顷施钙镁磷肥 75 ～ 150 千克作基肥，新开垦的红壤地还应适当追施氮肥、钾肥。苗期建植较慢，需适时中耕除草 1 ～ 2 次，并视苗情少量追肥，6 ～ 7 月后生长旺盛，形成覆盖层。播种当年可收割 1 ～ 2 次，留茬高度约 10 厘米，宜在现蕾期或初花期收割，结荚后茎易老化，可刈割翻压作绿肥。

闽牧 3 号圆叶决明

拉丁名　*Chamaecrista rotundifolia* (Pers.) Greene cv. Minmu No. 3

品种来源　由福建省农业科学院农业生态研究所申报，2011 年 3 月通过福建省农作物品种审定委员会审定，登记为引进品种；品种登记号闽认草 2011002；申报者：翁伯奇、徐国忠、郑向丽、叶花兰、王俊宏。

植物学特征　半直立型草本；株高 0.8～1.3 米。茎半木质化，圆形。叶互生，由两片小叶组成，叶片光滑，不对称，羽状脉序，主脉偏斜，小叶倒卵圆形，长 2.5～3.5 厘米、宽 1.5～2 厘米，叶柄长 5～8 毫米，被白色绒毛；托叶披针状心形，长约 10 毫米，具纤毛。花腋生，1～2 朵，假蝶形花冠，花瓣黄色，无毛，覆瓦状排列，花萼披针形；雄蕊 5 枚，花丝极短。荚果成熟时为黑褐色、易裂。种子呈不规则扁平四方形，黄褐色。

生物学特性　喜高温，具有明显的耐瘠、耐旱、耐酸、抗铝毒、固氮能力强等特点。适宜热带、亚热带红壤区种植。为晚熟品种，福建种植通常 8～10 月为生长高峰，9～10 月开始初花，花期长，11 月下旬叶片开始转黄。冬季初霜后地上部逐渐死亡、干枯。越冬率较低而表现出一年生性状，次年主

栽培群体

要靠落地种子萌发再生。海南种植全年保持青绿。

饲用价值 鲜草产量 30 000～60 000 千克/公顷，营养丰富，宜制作成草粉饲喂牛羊等草食动物。闽牧 3 号圆叶决明化学成分见下表。

栽培要点 播种前用 80℃的热水浸泡 3 分钟，使种皮软化、胶状物晰出后用清水反复冲洗干净后播种。播前用除草剂除杂并精细整地。在福建最佳播期为 5 月上旬，播种量

7.5～11.25 千克/公顷。穴播、条播、撒播均可，条播株行距 20 厘米×30 厘米，穴播每穴 4～5 粒种子，撒播应适当加大播种量，播种深度 1～2 厘米。每公顷施钙镁磷肥 75～150 千克作基肥，新开垦的红壤地还应适当追施氮肥、钾肥。苗期建植较慢，需适时中耕除草 1～2 次，并视苗情少量追肥，6～7 月后生长旺盛，形成覆盖层。播种当年可收割 1～2 次，刈割留茬高度约 10 厘米。

闽牧 3 号圆叶决明的化学成分 (%)

样品情况	干物质	占干物质					钾	磷
		粗蛋白	粗脂肪	粗纤维	无氮浸出物	粗灰分		
盛花期 绝干	100.00	18.84	—	29.80	—	8.40	1.45	0.23

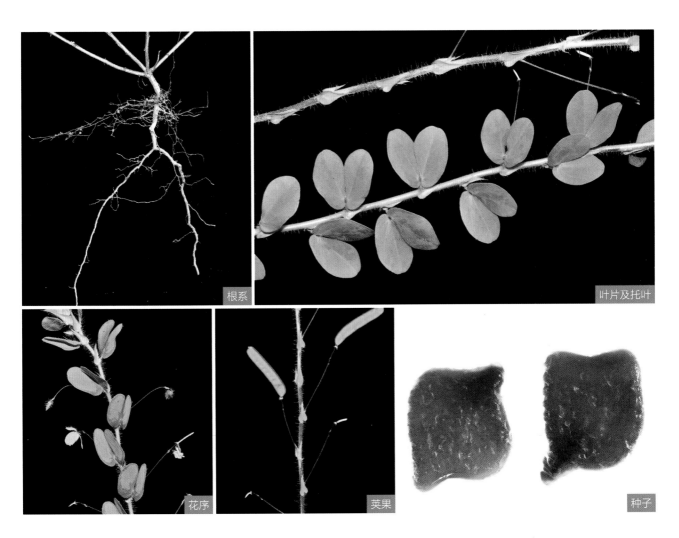

根系

叶片及托叶

花序

荚果

种子

热研 12 号平托落花生

拉丁名 *Arachis pintoi* Krap. & Greg. cv. Reyan No. 12

品种来源 由中国热带农业科学院热带牧草研究中心申报，2004 年通过全国草品种审定委员会审定，登记为引进品种；品种登记号 277；申报者：白昌军、刘国道、何华玄、王东劲、王文强。

植物学特征 多年生匍匐型草本；高 0.2 ～ 0.3 米，全株疏被茸毛。叶柄长 5 ～ 7 厘米，被柔毛，小叶 2 对，上部一对较大，倒卵形，长 2 ～ 3.7 厘米、宽 1 ～ 2.8 厘米；托叶披针形，长约 3 厘米。总状花序腋生；萼管长 8 ～ 13 厘米，小花无柄，线状排列，旗瓣浅黄色，有橙色条纹，圆形，长 1.5 ～ 1.7 厘米、宽 1.2 ～ 1.4 厘米，翼瓣钝圆，橙黄色，长约 10 毫米，龙骨瓣喙状，长约 5 毫米，子房含 2 ～ 3 个胚珠，多数形成一荚。每荚 1 粒种子，偶有 2 粒，稀 3 粒。染色体数 $2n=2X=20$。

生物学特性 喜热带潮湿气候，适应性强，从重黏土到沙土均能良好生长，耐酸瘦土壤，在 pH 为 5.5 ～ 8.5 的土壤上生长良好；耐阴性强，可耐受 70% ～ 80% 的遮阴；耐旱，在年降水 650 毫米以上的地区均能良好生长，在低温干旱季节仍有少量开花。花期长，全年约 10 个月不间断开花。

利用价值 草质柔嫩、营养丰富，适于放牧利用。由于花期长，草层均匀，常用于园林绿化或果园间作。热研 12 号平托落花生化学成分见下表。

绿化用草坪

根系

匍匐茎形态特征

花序着生位置

叶片形态

花特写

荚果及种子

热研 12 号平托落花生的化学成分 (%)								
样品情况	干物质	占干物质					钙	磷
		粗蛋白	粗脂肪	粗纤维	无氮浸出物	粗灰分		
盛花期 绝干	100.00	18.60	1.99	25.54	47.01	10.19	2.00	0.19

栽培要点 可用种子繁殖或茎段扦插繁殖，由于种子产量低、收种困难，因此生产上一般采用茎段扦插繁殖。选择土层深厚、结构疏松、肥沃、灌排水良好的壤土或沙壤土地块种植，种植前 1 个月进行备耕，深翻 15～20 厘米，清除杂草、平整地面。移栽选用匍匐茎段，定植时 2 节插入土中，地上留 1 节，按 20 厘米×20 厘米规格定植。移栽后 2 个月即可完全覆盖地面。刈割周期 60 天，年刈割 6 次，留茬高度 5～10 厘米。

阿玛瑞罗平托落花生

拉丁名 *Arachis pintoi* Krap. & Greg. cv. Amarillo

品种来源 由福建省农业科学院农业生态研究所申报，2003年通过全国草品种审定委员会审定，登记为引进品种；品种登记号256；申报者：黄毅斌、应朝阳、郑仲登、陈恩、翁伯奇。

植物学特征 多年生匍匐型草本，草层高10～30厘米。茎贴地生长，分枝多，节处生根。小叶2对，上部一对较大，倒卵形，叶柄长3～7厘米；托叶披针形，长约3厘米。总状花序腋生；萼管长8～13厘米，小花无柄，线状排列，旗瓣黄色，圆形，长1.2～1.7厘米、宽1～1.4厘米，翼瓣钝圆，橙黄色，长约10毫米，龙骨瓣喙状，长约5毫米，

子房含2～3个胚珠，多数形成一荚。每荚1粒种子，偶有2粒，稀3粒。

生物学特性 耐酸、耐铝能力强，能在强酸性红壤上生长良好，在中等肥沃的土壤上生长旺盛。同时具有耐瘠、耐旱、耐寒等特点。适于热带、亚热带地区种植利用。在福建种植生长良好，能安全越冬。有较强的耐阴能力。

饲用价值 年鲜草产量每公顷产15 000千克以上，营养丰富，适口性好，饲喂效果佳，消化率高。有较强的耐阴能力，适宜果园套种和草坪绿化。阿玛瑞罗平托落花生化学成分见下表。

绿化草坪

植株分枝　叶片形态　花着生位置　花特写

种子及荚果

栽培要点　种子产量低且难收获，一般采用无性繁殖。每年的 3～9 月选阴雨天剪取健壮植株的匍匐茎中段移栽，每 3～4 节剪一苗，剪成的苗于生根粉溶液中浸 30 分钟，按株行距 20 厘米×30 厘米定植。苗期需适当肥水管理与除杂。移栽后 2 个月即可完全覆盖地面，刈割周期 40～60 天，年刈割 4～6 次，留茬高度 5～10 厘米。

阿玛瑞罗平托落花生的化学成分 (%)

样品情况	干物质	占干物质					钙	磷
		粗蛋白	粗脂肪	粗纤维	无氮浸出物	粗灰分		
盛花期　绝干	100.00	15.88	1.36	29.43	47.01	11.65	1.38	0.19

闽紫 5 号紫云英

拉丁名 *Astragalus sinicus* L. cv. Minzi No. 5

品种来源 由福建省农业科学院土壤肥料研究所申报，2011 年 3 月通过福建省农作物品种审定委员会认定，登记为引进品种；品种登记号闽认肥 2011001；申报者：林多胡、林新坚、张辉、邱孝煊、李昱、叶伟健、陈云平、蔡尊福、吴一群、兰忠明、刘玉环。

植物学特征 越年生草本；高 1.4～1.8 米。直根系，侧根发达，主要分布在 10 厘米内土层。茎圆形，粗 4.5～6.5 毫米。奇数羽状复叶；小叶互生，倒卵状圆形，长 15～25 毫米、宽 10～20 毫米。总状花序；花腋生，具小花 7～11 朵，花瓣 5 枚、紫色，覆瓦状排列；雄蕊 10。荚果两列。种子扁肾形，黄绿色。

生物学特性 抗寒力、抗旱力较强，适宜长江中下游地区稻田种植，用于培肥土壤及提供优质饲草。福建种植一般 3 月中旬初花，3 月下旬盛花；4 月底到 5 月上旬种子成熟，

植株花序

幼株

种子产量高，可达 750 ～ 825 千克 / 公顷。

饲用价值 年均鲜草产量 37 500 ～ 46 500 千克 / 公顷。闽紫 5 号紫云英是优质绿肥，又是品质极佳的青饲料。闽紫 5 号紫云英化学成分见下表。

栽培要点 适宜冬季闲置的稻田种植，稻田种植可获得较高的产量。生产上用种子繁殖，可条播或散播，华南地区种植适宜播种期为 6 ～ 10 月，旱稻田种植宜在水稻收获后即开沟条播，连作晚稻田种植最迟于 10 月下旬播种，播种量为 22.5 ～ 30 千克 / 公顷，如作种子生产则播种量为 15 ～ 19 千克 / 公顷，播种出苗后宜加强水肥管理，一般每公顷可施用钙镁磷肥 75 ～ 150 千克、过磷酸钙 75 ～ 150 千克和氯化钾 75 千克作追肥。

闽紫 5 号紫云英的化学成分 (%)

样品情况	干物质	占干物质					钙	磷
		粗蛋白	粗脂肪	粗纤维	无氮浸出物	粗灰分		
盛花期 绝干	100.00	16.07	4.79	19.53	33.54	7.84	1.38	0.23

热研 3 号俯仰臂形草

拉丁名 *Brachiaria decumbens* Stapf. cv. Reyan No. 3

品种来源 由中国热带农业科学院热带牧草研究中心申报，1991 年通过全国草品种审定委员会审定，登记为引进品种；品种登记号 101；申报者：邢诒能、蒋侯明、唐湘梧、何华玄、刘国道。

植物学特征 多年生匍匐型禾草；秆坚硬，高 0.5～1 米。叶片披针形至窄披针形，长 5～20 厘米、宽 7～15 毫米。花序由 2～4 枚总状花序组成，总状花序长 1～5 厘米，小穗单生，常排列成 2 列，花序轴扁平，宽 1～1.7毫米，边缘具纤毛，小穗椭圆形，长 4～5毫米，常具短柔毛，基部具细长的柄。

生物学特性 不耐寒，最适生长温度为 25～35℃，在无霜地区冬季生长旺盛；抗旱，可以忍受 4～5 个月的旱季；不耐涝，在排水良好的沃土上产量最高。对土壤的适应性广泛，能在各类土壤上良好生长。

饲用价值 年产干物质 8 000～15 000 千克/公顷。耐刈割，耐践踏，适于放牧利用。同时，其根系发达，草层密，是理想的水土保持植物。热研 3 号俯仰臂形草化学成分见下表。

栽培要点 可采用种子繁殖或育苗移栽建植人工草地。华南地区最佳播种季节为 5 月底至 8 月初，播种量为 20～30 千克/公顷，

株丛

样品情况	干物质	占干物质					钙	磷
		粗蛋白	粗脂肪	粗纤维	无氮浸出物	粗灰分		
营养期 鲜样	24.70	7.57	3.21	30.94	49.95	8.33	0.56	0.13
抽穗期 鲜样	26.30	6.99	2.36	36.93	46.86	6.86	0.46	0.08
成熟期 鲜样	29.30	4.49	2.70	38.46	48.45	5.90	0.21	0.12

热研 3 号俯仰臂形草的化学成分 (%)

播种前用 80℃热水处理 5～15 分钟，与细沙混匀后按 50 厘米的行距条播，播后覆土 0.5 厘米。育苗移栽法是将处理过的种子播于苗床，待苗高 30～40 厘米时移栽建植，株行距 60 厘米×80 厘米，移栽通常选阴雨天进行。定植后及时施肥可促进生长、增加分蘖，一般每年每公顷施用过磷酸钙 300～450 千克，钾肥 150～300 千克，并根据地力情况及长势施用一定数量的氮肥。由于建植初期生长缓慢，地表裸露面积大，杂草易滋生，影响人工草地的正常生长，因此及时除杂可促进长势。刈割草地建成后每年刈割 4～5 次，抽穗前刈割产量高、品质优。

花序

花序局部

小穗

小穗解剖

颖果

热研 6 号珊状臂形草

拉丁名 *Brachiaria brizantha* Stapf. cv. Reyan No. 6

品种来源 由中国热带农业科学院热带牧草研究中心申报，2000 年通过全国草品种审定委员会审定，登记为引进品种；品种登记号 215；申报者：刘国道、白昌军、何华玄、蒋昌顺、韦家少。

形态特征 多年生丛生型草本；高 0.8～1.2 米。具根状茎或葡萄茎，茎扁圆形，具节 13～16 个，基部节间较短，上部节间较长。叶片线形，长 4～28 厘米、宽 1～2.1 厘米，基部叶较短，上部叶较长。圆锥花序由 2～8 枚总状花序组成，总状花序长 6～20 厘米，小穗具短柄，含 1～2 花。颖果卵形，长 4.5～6 毫米、宽 2 毫米。

生物学特性 耐酸性土壤，在 pH 4.5～5 的强酸性土壤上生长良好。侵占性强，各节触地生根，能迅速扩展，耐践踏，冬春季保持青绿。耐火烧，草地火烧后存活率大于 95%。开花期长，海南种植 5 月开始抽穗开花，9～10 月为盛花期；10～11 月种子成熟。

饲用价值 适口性较好，牛、羊喜食。耐刈割、耐践踏，适于放牧利用，也可用来护坡、护堤保持水土。热研 6 号珊状臂形草化学成分见下表。

植株

根系　秆叶局部　叶片背腹面及秆节　花序　花序局部　小穗

热研 6 号珊状臂形草的化学成分 (%)								
样品情况	干物质	占干物质					钙	磷
		粗蛋白	粗脂肪	粗纤维	无氮浸出物	粗灰分		
营养期 鲜样	24.00	7.11	2.64	21.76	60.58	7.91	0.32	0.12
抽穗期 鲜样	26.80	5.53	2.04	31.39	54.56	6.48	0.26	0.12
成熟期 鲜样	30.50	4.89	1.17	32.37	54.93	5.64	0.25	0.09

栽培要点　结实率低、种子发芽率低，一般用匍匐茎插条繁殖建植草地。华南地区每年 3 ～ 10 月均可栽植，移栽前犁耙整地，并施有机肥 3 000 ～ 4 500 千克 / 公顷，过磷酸钙 150 ～ 200 千克 / 公顷作基肥。移栽宜选壮苗，苗长约 30 厘米，过长者可剪成数段，并剪去顶端较幼嫩的部分。定植按株行距 80 厘米×80 厘米，每穴 3 ～ 4 苗，穴深 15 厘米左右，将苗的 2/3 埋于穴中，1/3 留在地表。

热研 14 号网脉臂形草

拉丁名 *Brachiaria dictyoneura* Stapf. cv. Reyan No. 14

品种来源 由中国热带农业科学院热带牧草研究中心申报，2004 年通过全国牧草品种审定委员会审定，登记为引进品种；品种登记号 283；申报者：刘国道、白昌军、何华玄、王东劲、陈志权。

植物学特征 多年生匍匐型草本；高 0.4～1.2 米。具长匍匐茎和短根状茎，秆半直立。匍匐茎细长，扁圆形，略带红色，具节 10～18 个，节间长 8～20 厘米，基部节间较短，中上部节间较长。叶片线型、条形至披针形，长 20～40 厘米、宽 3～18 毫米；叶舌膜质；叶鞘抱茎。圆锥花序由 3～8 枚总状花序组成，花序轴长 5～25 厘米，总状花序长 1～8 厘米，具长纤毛，小穗椭圆形、具短柄，交互成两行排列于穗轴一侧。颖果卵形，长约 4.1 毫米、宽约 1.9 毫米。

生物学特性 喜湿热气候，耐旱，对土壤的适应性广泛，能在铝含量高、酸度大、肥力低但排水良好的土壤上生长。种子具生理性休眠，新鲜种子发芽率低，贮存 6～8 个月后可打破休眠。植株侵占性强，触地各节均可生根，迅速扩展成草地。

饲用价值 叶量丰富、草产量高，在海南年均干草产量为 9 975 千克 / 公顷。耐刈割、耐践踏，适口性中等，适于放牧利用和水土保持。热研 14 号网脉臂形草化学成分见下表。

人工草地

株丛局部

茎节特写

花序

小穗特写

颖果

热研 14 号网脉臂形草的化学成分 (%)

样品情况	干物质	占干物质					钙	磷
		粗蛋白	粗脂肪	粗纤维	无氮浸出物	粗灰分		
营养期 鲜样	10.12	9.93	4.10	23.35	51.84	10.78	0.14	0.17
抽穗期 鲜样	17.04	7.61	1.45	34.49	44.70	8.92	0.13	0.15
成熟期 鲜样	20.90	5.40	2.92	37.32	43.37	13.82	0.22	0.43

栽培要点 选择土壤湿润、结构疏松、肥沃、灌排水良好的壤土或沙壤土地块种植。种植前进行备耕，一犁二耙，深翻 15 ～ 20 厘米，清除杂草、平整地面。可采用种子繁殖或育苗移栽建植。一般情况在雨季初期播种较好，华南地区最佳播种季节为 5 月底至 8 月初。播种量为 20 ～ 30 千克 / 公顷，播种前用 80℃热水处理 5 ～ 15 分钟，与细沙混匀后按 50 厘米的行距条播，播后覆土 0.5 厘米。育苗移栽法是将处理过的种子播于苗床，待苗高 30 ～ 40 厘米时移栽建植，一般按 60 厘米×80 厘米规格移栽种植，移栽通常选阴雨天进行。

热研 15 号刚果臂形草

拉丁名 *Brachiaria ruziziensis* G. & E. cv. Reyan No. 15

品种来源 由中国热带农业科学院热带牧草研究中心申报，2005 年通过全国牧草品种审定委员会审定，登记为引进品种；品种登记号 306；申报者：白昌军、刘国道、王东劲、虞道耿、陈志权。

植物学特征 多年生丛生型草本；高 0.5 ～ 1.5 米。茎扁圆形，具节 5 ～ 18 个，节间长 8 ～ 20 厘米，节稍膨大。叶片上举，狭披针形，长 5 ～ 28 厘米、宽 8 ～ 19 毫米，两面被柔毛。圆锥花序顶生，由 3 ～ 9 枚穗形总状花序组成，花序轴长 4 ～ 10 厘米，穗形总状花序长 3 ～ 6 厘米，小穗具短柄，单生，交互成两行排列于穗轴之一侧，长椭圆形，长 3.5 ～ 5.1 毫米、宽约 1.7 毫米。颖果卵形，长 3 ～ 5 毫米，宽约 1.5 毫米。

生物学特性 喜湿润的热带气候，适宜在年降雨量 750 毫米以上的热带、亚热带地区生长种植，最适生长温度 20 ～ 35℃。具良好的耐干旱能力，可耐 5 个月以上的干旱。对土壤的适应性广泛，耐酸瘦土壤，能在 pH 4.5 ～ 5 的酸性土壤和极端贫瘠的土壤上生长良好。花期长，开花不一致，且空瘪率高，落粒性强，种子产量较低。

饲用价值 年均干草产量为 12 000 千克/公

株丛

顷，耐刈割，但不耐践踏，适于刈割青饲或调制青贮饲料。热研 15 号刚果臂形草化学成分见下表。

栽培要点 采用种子繁殖时，播种量 20～30 千克 / 公顷，按行距 50 厘米条播，播种前用 80℃ 热水或浓硫酸处理 5 分钟可使其发芽率达到 52%～72%。也可选用分蘖扦插繁殖，建植时选用触地节部已生根的茎段，按 60 厘米×80 厘米或 100 厘米×200 厘米规格栽植。热研 15 号刚果臂形草对氮、磷、钾肥需求量中等，在苗期以施氮肥为主，施肥量以 450～750 千克 / 公顷为宜。

热研 15 号刚果臂形草的化学成分 (%)

样品情况	干物质	占干物质					钙	磷
		粗蛋白	粗脂肪	粗纤维	无氮浸出物	粗灰分		
营养期 鲜样	22.51	7.75	1.8	27.98	57.17	5.30	0.21	0.15
抽穗期 鲜样	25.84	7.01	1.94	29.45	55.43	6.17	0.25	0.11
成熟期 鲜样	31.40	5.32	2.33	31.76	55.15	6.44	0.20	0.17

叶片基部及叶鞘局部特征

花序

花序局部

小穗特写

小穗解剖

贝斯莉期克俯仰臂形草

拉丁名 *Brachiaria decumbens* Stapf. cv. Basilisk

品种来源 由云南省草地动物科学研究院申报,1992年通过全国草品种审定委员会审定,登记为引进品种;品种登记号110;申报者:李淑安、徐学军、匡崇义、和占星、郭正云。

植物学特征 多年生草本;基部分蘖多,全株青绿色,秆坚硬,中空,基部斜生呈俯仰状。叶片披针形,长10～30厘米、宽5～15毫米,顶端渐尖,基部渐狭,两面疏被短茸毛,基部叶鞘长于节间,上部短于节间,被短毛。圆锥花序顶生,由1～4个无柄的穗形总状花序组成,总状花序长3～8厘米,小穗单生,常排列成2列,花序轴扁平,边缘具纤毛,小穗椭圆形,长约6毫米,常被短柔毛。

生物学特性 喜高温、高湿气候,耐旱,在干热河谷地区生长良好。对土壤的适应性广泛但在排水良好的沃土上产量最高。茎节着地生根并产生新的分蘖,迅速向周围扩展形成致密草丛;自然更新能力强,在重牧或火烧后恢复较快。年可收种两次,种子产量较高。云南昆明种植一般7月上旬开花;8月上旬种子成熟,成熟种子落粒性强。

饲用价值 草产量高、适口性好,适于放牧利用也可刈割青饲,为热带、亚热带地区的优良牧草品种。贝斯莉期克俯仰臂形草化学成分见下表。

大面积人工草地

根系及秆节局部

花序

花序局部

种子

贝斯莉斯克俯仰臂形草的化学成分 (%)								
样品情况	干物质	占干物质					钙	磷
		粗蛋白	粗脂肪	粗纤维	无氮浸出物	粗灰分		
营养期 绝干	100.00	8.63	0.89	32.05	46.70	7.30	—	—

栽培要点 发芽率较低，收获后存放 6～12 个月才能打破休眠进行播种，云南种植一般在 5～7 月播种，条播、撒播均可。播前耕翻平整土地、清除地面杂草后可适时播种，播种时需施少量复合肥作基肥以促进幼苗生长，播种量约为 7.5 千克 / 公顷。

热研 8 号坚尼草

拉丁名 *Panicum maximum* Jacq. cv. Reyan No. 8

品种来源 由中国热带农业科学院热带牧草研究中心申报，2000 年通过全国草品种审定委员会审定，登记为引进品种；品种登记号 213；申报者：韦家少、刘国道、白昌军、何华玄、蒋昌顺。

植物学特征 多年生丛生型高大草本；根状茎发达，秆直立，多分蘖，高 1.5～2.5 米。茎粗约 7.5 毫米，光滑，节上密生柔毛。叶片线形，长 110～120 厘米、宽 1.5～3 厘米，叶质较硬，上面近基部被疣基硬毛，边缘粗糙，顶端长渐尖，基部宽，向下收狭呈耳状或圆形；叶鞘具蜡粉，光滑无毛；叶舌膜质，长约 1.5 厘米，节密生疣毛。圆锥花序开展，长 45～55 厘米，小穗灰绿色，长椭圆形，顶端尖，长约 4 毫米，无毛。颖果长椭圆形。

生物学特性 喜湿润的热带气候，耐干旱、耐酸性瘦土、耐寒、耐阴、耐火烧。热研 8 号坚尼草花期晚，通常 9 月中、下旬开花；10 月下旬种子成熟，种子成熟后落粒性强。

饲用价值 叶量丰富，适口性好，适于刈割青饲或调制青贮饲料。热研 8 号坚尼草化学成分见下表。

株丛

叶鞘　　　根系　　　叶片背腹面

花序形态　　　小穗形态

热研 8 号坚尼草的化学成分 (%)								
样品情况	干物质	占干物质					钙	磷
		粗蛋白	粗脂肪	粗纤维	无氮浸出物	粗灰分		
营养期　绝干	100.00	8.04	2.36	35.54	46.32	7.74	0.57	0.29

栽培要点　用种子繁殖，也可用分蘖进行无性繁殖。种子繁殖按行距 50 厘米条播，也可撒播，播后盖 5 毫米的薄土，播种量为 7.5 ～ 11.25 千克 / 公顷。无性繁殖选用生长粗壮的植株，割去上部，留茬 15 ～ 20 厘米，整株连根挖起，以每丛 2 ～ 3 条带根的分蘖，按株行距 60 厘米 ×80 厘米或 80 厘米 ×100 厘米挖穴定植，穴深 20 ～ 25 厘米。定植时需施用基肥，施用量为过磷酸钙肥 150 ～ 225 千克 / 公顷，有机肥 7 500 ～ 15 000 千克 / 公顷。刈割周期 40 ～ 60 天，年割 4 ～ 6 次，留茬高度 15 ～ 20 厘米。

热研 9 号坚尼草

拉丁名 *Panicum maximum* Jacq. cv. Reyan No. 9

品种来源 由中国热带农业科学院热带牧草研究中心申报，2000 年通过全国草品种审定委员会审定，登记为引进品种；品种登记号 214；申报者：韦家少、刘国道、何华玄、白昌军、蒋昌顺。

植物学特征 多年生丛生型高大草本；具根状茎，秆直立，高 1.5 ～ 2.2 米。茎粗约 6 毫米，多分蘖，节上密生柔毛。叶线形，长 20 ～ 80 厘米、宽约 2.5 厘米，叶面具蜡粉，光滑无毛。圆锥花序开展，长 35 ～ 40 厘米，主轴粗，分枝细，斜向上升，小穗灰绿色，长圆形，长约 3 毫米，顶端尖，无毛；第一颖卵圆形，长约为小穗的 1/3，具 3 脉，侧脉不甚明显，顶端尖，第二颖椭圆形，与小穗等长，具 5 脉，顶端啄尖；小穗灰绿色，长椭圆形，长 3 ～ 3.5 毫米。

生物学特性 喜湿润的热带气候，在年降雨量 750 ～ 1 000 毫米的地区生长良好，适于我国热带、亚热带地区种植。耐干旱、耐酸性瘦土、较耐阴。回春后恢复生长快，通常 7 月中旬始花；8 月中旬种子成熟，种子成熟后易落粒，生产上较难集中收种。

饲用价值 叶量丰富，适口性好，适于刈割青饲或调制青贮饲料。热研 9 号坚尼草化学成分见下表。

株丛

叶鞘及秆节　　叶片背腹面　　根系

花序　　小穗

热研 9 号坚尼草的化学成分 (%)								
样品情况	干物质	占干物质					钙	磷
		粗蛋白	粗脂肪	粗纤维	无氮浸出物	粗灰分		
营养期 绝干	100.00	8.39	2.40	35.05	46.74	8.42	0.58	0.24

栽培要点　可用种子繁殖，也可分蘖进行无性繁殖。种子繁殖按行距 50 厘米条播，也可撒播，播后盖 5 毫米的薄土，播种量为 7.5 ～ 11.25 千克 / 公顷。无性繁殖选用生长粗壮的植株，割去上部，留茬 15 ～ 20 厘米，整株连根挖起，以每丛 2 ～ 3 条带根的分蘖，按株行距 60 厘米 ×80 厘米或 80 厘米 ×100 厘米挖穴定植，穴深 30 厘米。定植时每公顷施用过磷酸钙 150 ～ 225 千克，有机肥 7 500 ～ 15 000 千克作基肥。刈割周期 40 ～ 60 天，年割 4 ～ 6 次，留茬高度 15 ～ 20 厘米。

热引 19 号坚尼草

拉丁名 *Panicum maximum* Jacq. cv. Reyin No. 19

品种来源 由中国热带农业科学院热带牧草研究中心申报，2007 年通过全国草品种审定委员会审定，登记为引进品种；品种登记号 337；申报者：刘国道、白昌军、唐军、何华玄、王文强。

植物学特征 多年生丛生型高大草本；高 1.5～2.5 米，秆直立光滑，呈紫红色，被稀蜡粉。叶片长 20～60 厘米、宽 2.5～4 厘米。圆锥花序顶生，长 45～67 厘米；第一颖片长 2～4 毫米，第二颖片长 2.4～3 毫米；雄蕊 3 枚，花丝极短，白色。颖果浅黄色，长约 4 毫米、宽 2.1～2.3 毫米。

生物学特性 喜湿润温暖气候，适宜于我国海南、广东、广西、云南等热带、亚热带地区种植。耐旱能力强，降雨量大于 1 000 毫米的地区种植均可获得较高产量。该品种回春后恢复生长快，年利用率高，同时具耐酸性瘦土、耐高温、耐火烧等特性。

饲用价值 种植当年产量低，第二年以后年均干草产量可达 20 000～40 000 千克/公顷。适于刈割青饲或调制干草。热引 19 号坚尼草化学成分见下表。

植株

样品情况	干物质	占干物质					钙	磷
		粗蛋白	粗脂肪	粗纤维	无氮浸出物	粗灰分		
营养期 绝干	100.00	10.5	3.26	28.55	46.7	10.99	0.42	0.36

栽培要点 可用种子繁殖，也可分蘖进行无性繁殖。种子繁殖按行距50厘米条播，也可撒播，播后盖5毫米的薄土，播种量为7.5～11.25千克/公顷。无性繁殖选用生长粗壮的植株，割去上部，留茬15～20厘米，整株连根挖起，以每丛2～3条带根的分蘖，按株行距60厘米×80厘米或80厘米×100厘米挖穴定植，穴深20～25厘米。定植需施用基肥，施用量为过磷酸钙肥150～225千克/公顷，有机肥7500～15000千克/公顷。刈割周期40～60天，年割4～6次，留茬高度15～20厘米。

花期植株

植株基部

植株局部

成熟期小穗

热研 11 号黑籽雀稗

拉丁名 *Paspalum atratum* Swallen cv. Reyan No. 11

品种来源 由中国热带农业科学院热带牧草研究中心申报，2003 年通过全国草品种审定委员会审定，登记为引进品种；品种登记号 264；申报者：刘国道、白昌军、王东劲、何华玄、周汉林。

植物学特征 多年生丛生型草本；秆直立，高 2.1 ～ 2.5 米。茎粗 5 ～ 9 毫米，褐色，具 3 ～ 8 节，茎节稍膨大。叶片长 50 ～ 84 厘米、宽 2.4 ～ 4.2 厘米，质脆，平滑无毛；叶鞘半包茎，长 13 ～ 18 厘米，背部具脊；叶舌膜质，褐色，长 1 ～ 3 毫米。圆锥花序，由 7 ～ 12 个近无柄的总状花序组成，总状花序互生于长达 25 ～ 40 厘米的主轴上，总状花序长 12.8 ～ 15.3 厘米，穗轴近轴面扁平，基部被柔毛，小穗孪生，交互排列于穗轴远轴面。种子卵圆形，深褐色至黑色，具光泽，长 1.5 ～ 2.2 毫米、宽约 1 毫米。

生物学特性 喜热带潮湿气候，适应性强，耐酸瘦土壤，在年降水量 750 毫米以上的地区种植表现良好。分蘖能力强，种植半年后热研 11 号黑籽雀稗的分蘖数可达到 60 ～ 120 个，且其茎节也产生分枝。再生能力强，耐刈割，一般当年建植刈割草地可 3 ～ 5 次。海南种植通常 9 月中旬开花；10 月种子成熟。

饲用价值 适口性好，牛、羊极喜食，牧草产量高，适于刈割青饲或调制青贮饲料。热研 11 号黑籽雀稗化学成分见下表。

栽培群体

茎节特写 根系 花序 小穗形态 颖果形态

样品情况	干物质	占干物质					钙	磷
		粗蛋白	粗脂肪	粗纤维	无氮浸出物	粗灰分		
营养期 绝干	100.00	9.83	1.00	24.88	50.75	13.54	1.43	0.56

热研 11 号黑籽雀稗的化学成分 (%)

栽培要点 采用种子繁殖, 播前需备耕整地, 杀灭杂草。一般情况下, 雨季初期播种较好, 南方热区最佳的播种季节为 5 ~ 8 月。为了达到高产优质的目的, 应选择土层深厚, 土壤结构疏松、肥沃、灌排水良好的壤土或沙壤土种植。种植方式有直播和育苗移栽。直播播种量为 7.5 ~ 11.25 千克 / 公顷, 按行距 50 厘米条播, 播后覆土 5 毫米即可。育苗移栽法是将处理过的种子播于苗床上, 待苗高 30 ~ 40 厘米后起苗移栽, 种苗采用保水剂浆根处理后移栽, 株行距 60 厘米 × 80 厘米或 80 厘米 × 80 厘米。在坡度较大的地方种植时, 采用沿等高线建植行带种植。刈割周期 40 ~ 60 天, 年刈割 5 ~ 6 次, 留茬高度 20 厘米。

桂引1号宽叶雀稗

拉丁名 *Paspalum wettsteinil* Hackel cv. Guiyin No. 1

品种来源 由广西壮族自治区畜牧研究所、福建省农业科学院畜牧研究所联合申报，1989年通过全国草品种审定委员会审定，登记为引进品种；品种登记号048；申报者：宋光谟、赖志强、周明军、吴燮恩、陈火青。

植物学特征 多年生丛生草本；具匍匐茎，高0.5～1米，具节2～5个，被短柔毛。叶片线状披针形，长20～43厘米、宽1.5～3厘米；叶鞘包茎；叶舌长约2毫米，膜质，呈小齿状，为一圈长柔毛。圆锥花序直立，开展，由4～9个穗状花序组成，互生，下部的长8～10厘米，上部的长3～5厘米，小穗呈4行排列于穗轴一侧，长椭圆形，长2.3～2.5毫米，先端钝，一面平坦或稍凹，另一面显著凸起，浅褐色；第一颖缺，第二颖与小穗等长，长椭圆形，具3脉；内稃与外稃相似。颖果，长卵圆形，褐色，长约2毫米。

生物学特性 春季返青早，晚夏前生长旺盛，与杂草竞争力强，耐牧，火烧后恢复快。耐寒力中等，据观察在零下2℃的低温霜冻时，上部叶片稍黄。霜冻后植株仍可作饲料喂养家畜。适应性强，可在各类土壤中生长。抗旱力较强、耐酸性土壤。

饲用价值 适口性好，适于放牧利用或刈割青饲。桂引1号宽叶雀稗化学成分见下表。

大面积人工草地

株丛

单株

根系

花序

茎叶局部

样品情况	干物质	占干物质					钙	磷
		粗蛋白	粗脂肪	粗纤维	无氮浸出物	粗灰分		
营养期 绝干	100.00	10.29	3.60	35.39	40.90	9.78	—	—
抽穗期 绝干	100.00	8.31	2.79	34.24	42.50	12.15	—	—
成熟期 绝干	100.00	7.93	2.82	39.06	40.97	8.22	—	—

桂引 1 号宽叶雀稗的化学成分 (%)

栽培要点 用种子繁殖或分蘖繁殖。种子繁殖宜于春季 3～4 月播种，播种前进行地表处理，全垦、重耙均可，表土要细碎平整。播种量为 5～15 千克／公顷。播种后覆土 1 厘米。前期生长较慢，每公顷追施尿素 45～60 千克，以迅速覆盖地面，播种当年即可利用。

桂引 2 号小花毛花雀稗

拉丁名 *Paspalum urllei* Steud. cv. Guiyin No. 2

品种来源 由广西壮族自治区畜牧研究所申报，1989年通过全国草品种审定委员会审定，登记为引进品种；品种登记号075；申报者：赖志强、宋光谟、周明军、蒙爱香。

植物学特征 多年生丛生草本；秆粗壮，高0.7～2米，具3～4节，节上疏披柔毛。叶片光滑无毛，质地柔软，边缘粗糙呈锯齿状，长30～70厘米、宽约2厘米，下部叶密，上部叶疏；叶鞘长于节间，基部叶鞘紫红色，密生刚毛，老时色泽加深，刚毛变硬；叶舌楔形，膜质，长约5毫米，两侧具长柔毛。圆锥花序顶生，开展，长约20厘米，由10～18枚穗状花序组成，小穗成对，卵形，长约3毫米、宽约2毫米，呈4行生于穗轴一侧。种子卵圆形，浅黄色。

生物学特性 喜温暖湿润气候。春季返青早，与杂草竞争力强。适应性强，对土壤适应性广。在华南地区花期较早，6月始花；花期持续到10月。

饲用价值 年鲜草产量平均为31 500 千克/公顷。草质柔软适口性好，为优等牧草，牛、羊、兔、鱼均喜吃。桂引2号小花毛花雀稗化学成分见下表。

栽培植株

植株特写

根系

植株基部叶鞘及叶片背腹面

花序

花序局部及小穗整体

栽培要点 桂引2号小花毛花雀稗可用种子繁殖或分株繁殖。种子繁殖，3～4月播种，也可秋播。播前进行地表处理，可全翻耕或重耙。单播草地播种量可为11～20千克/公顷，与豆科牧草混播时，禾本科与豆科可按1：1.5的比例。如条播，行距30～40厘米。分株移植应在雨季进行，株行距20厘米×30厘米。苗期生长缓慢，应追施尿素60千克/公顷，以促其生长。建植成功后，每刈割一次应追施尿素60～75千克/公顷。

桂引2号小花毛花雀稗的化学成分 (%)								
样品情况	干物质	占干物质					钙	磷
		粗蛋白	粗脂肪	粗纤维	无氮浸出物	粗灰分		
开花期 绝干	100.00	7.09	1.89	37.79	45.80	7.43	—	—

福建圆果雀稗

拉丁名 *Paspalum orbiculare* G. Forst. cv. Fujian

品种来源 由福建农林大学牧草研究室申报，1995年通过全国草品种审定委员会审定，登记为野生栽培品种；品种登记号159；申报者：苏水金、林洁荣、刘建昌、还振举、黄红湘。

植物学特征 多年生草本；秆直立，高0.6～1.2米。叶片条形，长10～15厘米、宽2～8毫米，无毛；叶舌膜质，棕色，先端圆钝。圆锥花序顶生，由3～4枚总状花序组成，总状花序长3～6厘米，间距1.5～3厘米，排列于主轴上，小穗单生，近圆形，褐色，长2～2.5毫米，覆瓦状排列成两行；第一颖缺，第二颖与第一外稃均具3脉，第二外稃边缘抱卷内稃。

生物学特性 耐瘠，适宜在红、黄壤地区栽培，对高温、干旱具有较强的抵抗力，冬季零下6～8℃可安全越冬。在华南地区5月便进入开花期，一直持续到11月，不间断抽穗成熟。

饲用价值 营养期茎叶幼嫩，适口性好，家畜均喜食。生长后期茎叶老化，适口性降低。宜刈割青饲及调制干草。福建圆果雀稗化学成分见下表。

株丛

根系

花序

小穗

种子

福建圆果雀稗的化学成分 (%)

样品情况	干物质	占干物质					钙	磷
		粗蛋白	粗脂肪	粗纤维	无氮浸出物	粗灰分		
孕穗期 绝干	100.00	11.50	2.60	30.90	47.70	7.30	0.47	0.37
孕穗期 风干	87.00	10.00	2.30	26.90	41.40	6.40	0.41	0.32

栽培要点 用种子繁殖，3～4月播种，条播，行距50厘米。每公顷播种量15～45千克，播种沟深3～5厘米。播种前要精细整地，杂草较多的地块要除尽杂草。出苗后利用雨天适当疏密补缺定苗，成活后每公顷追施尿素60～75千克，促进幼苗生长，苗高30～40厘米时刈割，留茬高度5～7厘米，不能低于5厘米，每次割草后施氮肥，以满足其茎叶大量生长的需要。

热研 4 号王草

拉丁名 *Pennisetum purpureum × P. glaucum* cv. Reyan No. 4

品种来源 由中国热带农业科学院热带牧草研究中心申报，1998 年通过全国草品种审定委员会审定，登记为引进品种；品种登记号 196；申报者：刘国道、何华玄、韦家少、蒋侯明、王东劲。

植物学特征 多年生丛生型高秆草本。具短根茎，须根发达。秆高 1.5 ～ 4.5 米，具节 15 ～ 35 个；节间长约 15 厘米，嫩时被白色蜡粉，老时被一层黑色覆盖物。叶片长条形，长 55 ～ 115 厘米、宽 2 ～ 4（～ 6.1）厘米，嫩时被白色刚毛；叶鞘紧密包茎，长于节间，密被刚毛。穗状圆锥花序，长 25 ～ 35 厘米，初呈浅绿色，成熟时呈黄褐色；小穗披针形，每 3 ～ 4 个簇生成束。颖果纺锤形，浅黄色，具光泽。

生物学特性 喜温暖湿润热带气候，耐寒性优于其亲本，能在亚热带地区良好生长。耐干旱，但在长期渍水及高温干旱条件下生长不良。对土壤的适应性广泛，在酸性红壤或轻度盐碱土上生长良好，尤以在土层深厚、有机质丰富的壤土至黏土上生长最盛。对水肥的反应十分敏感。在水肥条件好，正常刈割利用的条件下不发生抽穗结实，高温干旱条件下偶见抽穗。

饲用价值 植株高大，刈割后恢复快，年刈割次数达 6 ～ 8 次，是华南地区最重要的刈割型禾草。适口性好，茎秆脆甜多汁，是牛、羊、猪、鸡、鹅、鸵鸟及兔的理想青饲料。生产上适于刈割青饲或调制青贮饲料。热研 4 号王草化学成分见下表。

栽培群体

茎秆形态　　叶鞘形态　　叶片背腹面

根系　　小穗特写

热研 4 号王草的化学成分 (%)								
样品情况	干物质	占干物质					钙	磷
		粗蛋白	粗脂肪	粗纤维	无氮浸出物	粗灰分		
沙地不施肥 60 天刈割 鲜样	20.65	7.52	3.65	35.56	47.51	5.76	0.23	0.16
沙地施肥 60 天刈割 鲜样	18.68	8.00	2.94	36.97	46.50	5.59	0.27	0.12
砖红壤地不施肥 60 天刈割 鲜样	15.93	10.65	4.77	31.47	45.43	7.68	0.28	0.32
砖红壤地施肥 60 天刈割 鲜样	15.15	13.01	1.70	41.35	31.40	12.45	0.54	0.33

栽培要点　生产上主要利用种茎繁殖，即把生长状况良好的粗壮茎秆作为种茎，2～3 节一段按株距 60 厘米、行距 80 厘米定植，定植时埋入土层 5～7 厘米深，并每公顷施用 300 千克磷肥作为基肥。定植 60 天后可进行首次刈割，作为兔及家禽的青饲料，株高 50 厘米时刈割；作为羊的青饲料，株高 80～100 厘米时刈割；作为牛的青饲料，株高 1～1.5 米时刈割。

摩特矮象草

拉丁名 *Pennisetum purpureum* K. Schums CB cv. Mott

品种来源 由广西壮族自治区畜牧研究所申报，1993年通过全国草品种审定委员会审定，登记为引进品种；品种登记号134；申报者：赖志强、周解、潘圣玉、李振、宋光谟。

植物学特征 多年生丛生型草本。根状茎发达。高1～1.5米，直径1～2厘米，节密，节间短，成熟的节间具黑粉。叶片披针形，长0.5～1米、宽3～4.5厘米，深绿色，叶质厚，直立，边缘微粗糙，幼嫩时全株光滑无毛，老时基部叶面和边缘近叶鞘处具疏毛；叶鞘包茎，长15～20厘米，基部叶鞘老时松散；叶舌截平，膜质，长约2毫米。圆锥花序穗状，长15～20厘米，直径1.5～3厘米，小穗长约1厘米。染色体数为2n=28。

生物学特性 适应性较广，在海拔1 000米以下、年降雨量700毫米以上的热带亚热带地区均可种植。较耐寒，在广西南部一带地上部分能越冬，在北部重霜时部分茎叶枯萎，但地下部分能安全过冬。春季气温14℃时开始生长，25～30℃时生长迅速。

饲用价值 适口性好，鱼、兔、鹅、猪、羊、牛均很喜食。其叶量大，品质好，是中小型动物的优质饲料。摩特矮象草化学成分见下表。

栽培群体

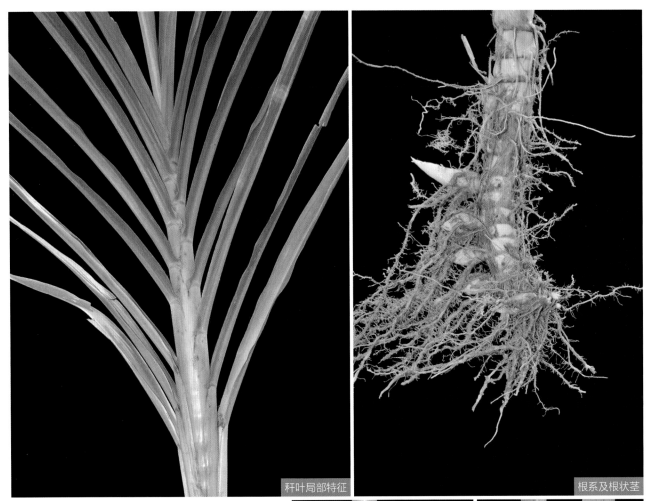

秆叶局部特征

根系及根状茎

栽培要点 坡地和平地都可种植，但以排灌良好、土层深厚、土壤疏松、地力肥沃的微酸性壤土为佳，种植前应深翻耕。3～6月种植，采用种茎扦插繁殖，选成熟种茎切成2～3节一段，定植时株行距30厘米×40厘米，定植时将种茎斜放于行壁上，覆土露头1～2厘米、干旱季节种茎宜平放；每公顷用种茎1 200～1 500千克。定植后保持土壤湿润。如有缺苗，应及时补苗。在雨季或有灌溉条件还可利用分蘖植株分株繁殖，成活率高。苗期和每次刈割后应中耕除草。

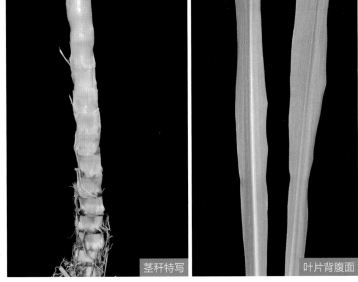

茎秆特写

叶片背腹面

摩特矮象草的化学成分 (%)								
样品情况	干物质	占干物质					钙	磷
		粗蛋白	粗脂肪	粗纤维	无氮浸出物	粗灰分		
春季刈割 绝干	100.00	12.00	3.10	26.50	43.50	15.00	0.36	0.52
夏季刈割 绝干	100.00	6.70	2.50	28.90	49.40	12.60	0.25	0.39
冬季刈割 绝干	100.00	7.60	2.30	23.90	42.00	14.20	0.95	0.52

桂闽引象草

拉丁名 *Pennisetum purpureum* Schum. cv. Gui Min Yin

品种来源 由广西壮族自治区畜牧研究所与福建省畜牧总站联合申报，2009 年通过全国草品种审定委员会审定，登记为引进品种；品种登记号 396；申报者：赖志强、卓坤水、易显凤、苏水金、李冬郁。

植物学特征 多年生丛生型高秆草本；须根发达，高 2 ～ 5 米，株型较紧凑。茎粗 1 ～ 3 厘米，秆直立，幼嫩时秆被白色蜡粉，老时被一层黑色覆盖物，分蘖 50 ～ 100 个，秆具 25 ～ 30 个节。叶片长条形，长 50 ～ 100 厘米、宽 2 ～ 4 厘米；叶鞘长于节间，包茎，长 10.5 ～ 18.5 厘米，叶面与叶鞘光滑无毛。圆锥花序穗状，长 20 ～ 30 厘米，小穗披针形，3 ～ 4 枚簇生成束，每簇下围以刚毛组成总苞；每小穗具小花 2 朵；雄蕊 3 枚，花药浅绿色，柱头外露，浅黄色。

生物学特性 喜温暖湿润气候，日均温达 13℃ 以上时开始生长，最适生长温度为 25 ～ 35℃，低于 8℃ 生长明显受到抑制，如低于零下 2℃ 时间稍长则会被冻死。在我国北纬 28° 以南的地区可自然越冬。适应性广，在各种土壤上均可生长。有强大的根系，抗倒伏，既抗旱又耐湿，在干旱少雨的季节，仍可获得较高的产量。对速效肥料反应十分敏感，尤其是氮肥，在高水肥条件下生长快，产草量高。通常 11 月中旬抽穗开花。

饲用价值 适口性好，是牛、羊、兔、鱼、鹅等草食动物的优质饲草。植株高大，产草量高，适于刈割青饲或调制青贮饲料。桂闽引象草化学成分见下表。

栽培群体

植株基部

秆叶形态

茎秆特写

根系

叶片背腹面

桂闽引象草的化学成分 (%)								
样品情况	干物质	占干物质					钙	磷
		粗蛋白	粗脂肪	粗纤维	无氮浸出物	粗灰分		
营养期 鲜样	19.60	10.50	2.70	39.10	38.50	9.19	0.25	0.32

栽培要点 适宜各种类型土壤，但以排灌良好、土层深厚、土壤疏松的微酸性壤土为佳。3～6月种植，采用种茎扦插繁殖，选成熟种茎切成2～3节一段，将种茎斜放于行壁上，覆土露头1～2厘米，每公顷用种茎为1 500～1 800千克。定植时株行距30厘米×40厘米。种植后保持土壤湿润，如有缺苗，应及时补苗。除了用茎秆繁殖外在雨季或有灌溉条件还可利用分株繁殖。苗期和每次刈割后应中耕除草。苗期需肥量较少，拔节后生长迅速，需肥量最多，为了满足需要，每次刈割后结合松土追施1次氮肥，施用量为150～225千克/公顷。

桂牧 1 号杂交象草

拉丁名 *Pennisetum glaucum* × *P. purpureum* Schum. cv. Guimu No. 1

品种来源 由广西壮族自治区畜牧研究所申报，2000年通过全国草品种审定委员会审定，登记为育成品种；品种登记号211；申报者：梁英彩、滕少花、赖志强、李仕坚、韦锦益。

植物学特征 丛生型多年生高秆草本。须根发达。秆直立，高3.5米，分蘖多，一般分蘖50～150个，最多达290个，每个茎秆有27～30节。叶片长100～120厘米、宽4.8～6厘米。圆锥花序，长25～30厘米，每小穗有1～3个小花。

生物学特性 适应性广，在海拔1000米以下，年极端低温零下5℃以上，年降雨量700毫米以上的热带、亚热带地区均可种植。气温在14℃以上时开始生长，气温达20℃时生长加快，最适生长温度为20～35℃。耐旱、耐酸，抗倒伏、抗病虫性强，对氮肥敏感，在高水肥条件下产量高。11月中旬抽穗开花。

饲用价值 适口性好，为牛、羊、兔、鹅、鸵鸟等草食畜禽所喜食，更适用于草食性鱼类。适于刈割青饲或调制青贮饲料。桂牧1号杂交象草化学成分见下表。

栽培群体

植株基部

秆叶局部

茎秆特写

叶片背腹面

根系

桂牧 1 号杂交象草的化学成分 (%)								
样品情况	干物质	占干物质比例					钙	磷
		粗蛋白	粗脂肪	粗纤维	无氮浸出物	粗灰分		
营养期 绝干	100.00	10.68	2.55	27.15	34.12	12.81	0.62	0.13

栽培要点 适宜各种类型土壤，但以排灌良好、土层深厚、土壤疏松的微酸性壤土为佳。3～6月种植，用种茎扦插繁殖，选成熟种茎切成2～3节一段，每公顷用种茎为1 200～1 500 千克。定植株行距20厘米×40厘米。种植后要经常保持土壤湿润，如有缺苗，应及时补苗。除了用茎秆繁殖外在雨季或有灌溉条件还可利用分蘖植株分株繁殖。苗期和每次刈割后应中耕除草。苗期需肥量较少，拔节后生长迅速，需肥量最多，每次刈割后结合松土追施1次氮肥，施用量为150～225 千克/公顷。

华南象草

拉丁名 *Pennisetum purpureum* Schum. cv. Huanan

栽培群体

品种来源 由广西壮族自治区畜牧研究所、中国热带农业科学院热带牧草研究中心联合申报，1990 年通过全国草品种审定委员会审定，登记为地方品种；品种登记号 066；申报者：宋光谟、蒋侯明、周明军。

植物学特征 多年生丛生型高大草本；高 2～3 米。须根发达。茎粗 1～2.5 厘米，直立，茎基部节密，分蘖性强，一般分蘖 25～40 个。叶质较硬，叶长 30～100 厘米、宽 2～4.5 厘米；叶鞘长于节间，包茎，长 8.5～15.5 厘米。圆锥花序长 15～20 厘米，嫩时浅绿色，成熟时为褐色；小穗披针形，单生或 3～4 个簇生，每小穗具小花 3 朵，下部小花雄性，上部小花两性可育。

生物学物性 适宜年降雨量 1 000 毫米以上的热带、亚热带地区种植。土壤肥沃，肥料充足，并有灌溉条件时生长旺盛。耐热、耐湿、耐酸、抗倒伏。一般在 11 月至次年 2 月间抽穗开花；结实率极低。

饲用价值 草产量高、供草时间长、收割次数多、适口性好，牛、羊极喜食，幼嫩时也可喂猪及食草性鱼类。华南象草化学成分见下表。

样品情况	干物质	占干物质					钙	磷
		粗蛋白	粗脂肪	粗纤维	无氮浸出物	粗灰分		
生长 3 周刈割 鲜样	14.30	14.04	2.57	31.09	42.44	9.86	0.25	0.25
生长 6 周刈割 鲜样	15.00	7.98	1.59	34.32	48.68	7.43	0.15	0.13
生长 12 周刈割 鲜样	17.90	5.72	0.80	37.89	48.63	6.96	0.14	0.14

华南象草的化学成分 (%)

株丛基部

茎秆特写

茎秆分枝

根系

栽培要点 适宜各种类型土壤，但以排灌良好、土层深厚、土壤疏松的微酸性壤土为佳。3～6月种植，采用茎秆扦插繁殖，选择成熟茎秆切成2～3节一段作种茎，每公顷需种茎为1 200～1 500千克。定植株行距30厘米×40厘米。种植后要经常保持土壤湿润，如有缺苗，应及时补苗。在雨季或有灌溉条件还可利用分蘖植株分株繁殖。苗期和每次刈割后应中耕除草。苗期需肥量较少，拔节后生长迅速，需肥量最多，宜每次刈割后追施1次氮肥，施用量为150～225千克/公顷。

德宏象草

拉丁名 *Pennisetum purpureum* Schum. cv. Dehong

品种来源 由云南省草地动物科学研究院、云南省德宏州盈江县畜牧局联合申报，2007年通过全国草品种审定委员会审定，登记为地方品种；品种登记号340；申报者：周自玮、匡崇义、袁福锦、罗在仁、黄晓松。

植物学特征 多年生高秆草本；具短根茎，高3～4米。须根庞大，中下部茎节生气生根。茎直立，圆形，直径1～4厘米，节间有明显芽沟，嫩芽包被于叶鞘内，茎上被白色蜡粉，节间长8～25厘米；分蘖60～100个。叶长约82.8厘米，宽约2.9厘米，中脉粗壮，浅白色，腹面疏生细毛，背面无毛；叶舌短小，被粗密硬毛。圆锥花序圆柱状，黄色，长约23.27厘米，直径约3.92厘米。

生物学特性 喜温暖湿润气候，适宜在热带、亚热带地区种植。气温在12℃以上时开始生长，最适生长温度为20～35℃，低于10℃时生长受限，5℃以下时停止生长。耐旱能力较强，种植当年根系入土深度可达50厘米。对土壤要求不严，沙土、黏土均能正常生长，但在土层深厚而肥沃疏松的土壤上生长旺盛，可获得较高的产量。通常9～10月抽穗开花。

饲用价值 植株高大，饲用率高，适口性好，适于刈割青饲或调制青贮饲料。德宏象草化学成分见下表。

栽培群体

开花期

花序

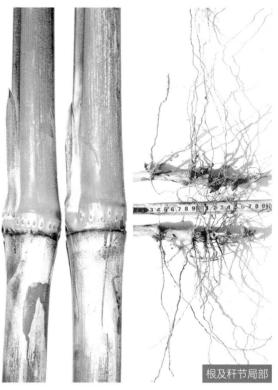

根及秆节局部

栽培要点 适宜各种类型土壤，但以排灌良好、土层深厚、土壤疏松的微酸性壤土为佳。3～6月种植，采用茎秆扦插繁殖，选用成熟茎秆，按2～3节切成一段，定植时30厘米×50厘米。定植成活后每公顷施用尿素210千克作追肥，待苗高80～100厘米可进行第一次刈割，年可刈割6～8次，每次刈割后结合松土追施1次氮肥，施用量为150～225千克/公顷。

德宏象草的化学成分比较(%)

样品情况	干物质	占干物质			
		粗蛋白	粗脂肪	粗纤维	粗灰分
拔节期，株高1.4米 绝干	100.00	7.52	3.65	35.56	5.76
拔节期，株高2.3米 绝干	100.00	8.00	2.94	36.97	5.59
孕穗期，株高3.5米 绝干	100.00	10.65	4.77	31.47	7.68
抽穗期，株高4.8米 绝干	100.00	13.01	1.70	41.35	12.45

威提特东非狼尾草

拉丁名 *Pennisetum clandestinum* Hochst. ex Chiov. cv. Whittet

品种来源 由云南草地动物科学研究院申报，2002年通过全国草品种审定委员会审定，登记为引进品种；品种登记号241；申报者：匡崇义、钟声、吴文荣、袁福锦、余梅。

植物学特征 多年生匍匐型草本；草层高20～50厘米。具粗壮根状茎，匍匐茎具节，节着地生根，节处长侧枝。叶片常内卷，须根粗硬，入土深。花序顶生或腋生，成熟后黑紫色，具2～4小穗，小穗基部有刚毛，种子1～2粒。种子棕黑色，被包于叶鞘内。染色体数目 2n=36。

生物学特性 竞争力强、耐瘠薄、耐践踏。草层生长高度以6～8月较高，最高值出现在7月；干物质生长量在6～9月较高，最高值出现在6月；5～10月生长量出现两个峰值，分别在6月和9月，表明威提特东非狼尾草在返青后利用适宜的水热条件迅速生长，6月达到最高生长量后生长速度逐渐降低，9月生长速度又有所提高，产生第二次生长高峰，10月由于气温下降，生长速率随之下降。

饲用价值 草质柔嫩、纤维含量低、适口性好，适于放牧利用，也可用作水土保持。威提特东非狼尾草化学成分见下表。

栽培要点 用种子繁殖，也可采用茎段无性繁殖。种子繁殖在云南最佳播种期为5～

人工草地

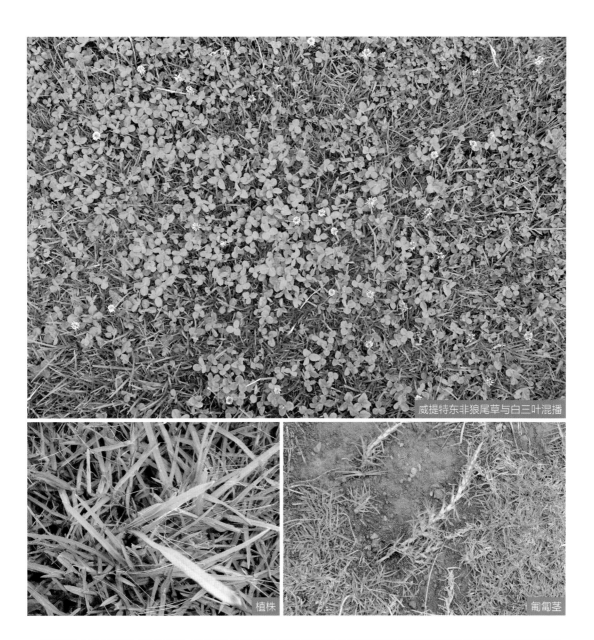

威提特东非狼尾草与白三叶混播

植株

匍匐茎

测定项目 \ 时间	5月	6月	7月	8月	9月	10月
粗蛋白	14.90	10.40	9.30	11.80	8.10	7.20
粗脂肪	3.50	2.70	2.50	1.80	2.10	1.80
粗灰分	9.50	8.90	9.70	8.60	6.40	6.10
粗纤维	20.70	25.90	28.00	25.70	26.80	28.20
无氮浸出物	51.40	53.10	52.50	52.10	56.60	56.70

威提特东非狼尾草的化学成分 (%)

7月，播种前要精细整地、除尽杂草，浅耕播种，播种深度为 5 毫米左右，播种量每公顷为 2～4 千克。无性繁殖需在雨季或有灌溉条件下进行，选成熟的茎为繁殖材料，将茎切成包含 2～3 节的茎段并扦插繁殖，扦插成活后追施一定量的尿素。耐粗放管理，草坪修剪较难，一般修剪高度为 1.3～2.5 厘米。

杂交狼尾草

拉丁名 *Pennisetum glaucum* (L.) R. Brown × *P. purpureum* Schum

品种来源 由江苏省农业科学院土壤肥料研究所申报，1989年通过全国草品种审定委员会审定，登记为引进品种；品种登记号047；申报者：杨运生、白淑娟、徐宝琪、陈礼伟。

植物学特征 多年生高秆草本；株型紧凑，高约3米。根系发达。分蘖多达20个，成穗茎蘖4～5个，茎直立、圆形。主茎叶片20多片，披针形，长60～70厘米。圆锥花序，密集呈柱状。小花不孕，不结种子。

生物学特性 喜温暖湿润气候，当气温达到20℃以上时，生长速度加快。耐旱，抗倒伏，无病害发生。喜土层深厚肥沃的黏质土壤。在华南地区可自然越冬，在江苏、浙江则需移入温室保护种苗越冬。

饲用价值 草产量高、适口性好，羊、牛、兔、鹅、鱼等草食动物喜食，既可青饲，也可青贮。孕穗前期刈割为宜。杂交狼尾草化学成分见下表。

栽培要点 选择肥力较高、灌排方便的地块

幼期栽培群体

作苗床育苗移栽，播前用杀虫剂拌种，以防害虫危害，每公顷苗床播种22.5～30千克，江苏种植3月下旬在大棚内育苗，4月中下旬移栽，移栽前每公顷施入优质腐熟有机肥22 500～30 000千克、25%氮磷钾复合肥750千克、尿素300千克作基肥，然后耕翻整地，移栽密度株行距30厘米×60厘米。

杂交狼尾草刚移入大田时，由于气温不高，生长较慢，易发生杂草危害，因此早期应注意结合中耕松土，进行人工除草。早播早栽的杂交狼尾草，从6月上旬直至10月底前后均可供应鲜嫩草，一般全年可刈割8～10次。每次刈割之后追施尿素150千克/公顷。

杂交狼尾草的化学成分 (%)								
样品情况	干物质	占干物质					钙	磷
		粗蛋白	粗脂肪	粗纤维	无氮浸出物	粗灰分		
抽穗期 绝干	100.00	10.00	3.50	32.19	43.40	10.20	0.54	0.31

茎秆局部　　　　　根系　　　　　花序

海南多穗狼尾草

拉丁名 *Pennisetum setosum* (Swartz) Rich.

品种来源 由广东省农业科学院畜牧研究所申报，1993 年通过全国草品种审定委员会审定，登记为野生栽培品种；品种登记号 122；申报者：温兰香、刘家运、沈玉朗、李耀武、丁迪云。

植物学特征 一年生丛生型草本，高 0.5～1.5 米。叶片线形，长 0.3～1.5 米、宽 3～15 毫米；叶舌为一圈长约 1 毫米的纤毛；叶鞘疏松，有硬毛，边缘具纤毛。圆柱状圆锥花序，长 10～25 厘米、宽 8～10 毫米，黄色至紫色；刚毛不等长，外圈者较细短，内圈者有羽状绢毛；小穗卵状披针形，长 3～4 毫米，多少被短毛；第一颖退化，第二颖与第一外稃与小穗等长，具 5 脉；第二外稃稍软骨质，短于小穗，长约 2.4 毫米。染色体 2n=54。

生物学特性 根系发达，抗旱，对土壤要求不严，耐酸，土壤 pH 在 4.1 时能正常生长。繁殖速度快，抽穗整齐，种子成熟较一致，可以一次性收割。当年落下的种子，次年春夏可自繁，虽是一年生牧草，也可起到多年生的作用。

饲用价值 适口性好，产草量高，牛、羊喜食，拔节期前草质柔嫩适于放牧利用或刈割青饲。海南多穗狼尾草化学成分见下表。

植株群体

茎叶局部

茎节特写

基部茎上气生根

花序

栽培要点 对土壤要求不严，适宜种植于各种类型的荒地、坡地、闲置地。生产上通常采用种子繁殖，种子繁殖成活率高。3～4月播种，播种前应翻耕土地、清除杂草。可采用撒播或开行条播，条播行距40厘米，播种后根据条件给足出苗水分，通常播后10天出苗，出苗后于雨水天气追施苗肥，以每公顷施用尿素450千克为宜，株高50厘米即可刈割利用。

小穗

海南多穗狼尾草的化学成分 (%)

样品情况	干物质	占干物质					钙	磷
		粗蛋白	粗脂肪	粗纤维	无氮浸出物	粗灰分		
拔节期 绝干	100.00	9.40	2.20	38.10	44.50	5.80	0.29	0.22
拔节期 鲜样	13.90	1.30	0.30	5.30	6.20	0.80	0.04	0.03

宁杂 3 号美洲狼尾草

拉丁名 *Pennisetum glaucum* (L.) R. Brown cv. Ningza No. 3

品种来源 由江苏省农业科学院土壤肥料研究所申报，1998 年通过全国草品种审定委员会审定，登记为育成品种；品种登记号 195；申报者：白淑娟、杨运生、丁成龙、顾洪如、周卫星。

植物学特征 直立草本；高约 3 米，株型紧凑。根系发达。分蘖最多达 15 ～ 20 个，成穗茎蘖 4 ～ 5 个，茎直立、圆形。叶片披针形，长 60 ～ 70 厘米。穗状花序，长约 25 厘米，单株粒重 75.49 克。籽实灰色，米质粳性，灰白色，可食用。

生物学特性 喜温暖、湿润的气候条件，当气温达到 20℃以上时生长速度加快。耐旱，抗倒伏，无病害发生。

饲用价值 适宜多次刈割，适口性好，适于青饲或青贮。其青草、籽实的产量分别为 82 490 千克 / 公顷和 6 380 千克 / 公顷。宁杂 3 号美洲狼尾草化学成分见下表。

苗期栽培群体

花期形态

花序

籽实

宁杂 3 号美洲狼尾草的化学成分 (%)

样品情况	干物质	占干物质					钙	磷
		粗蛋白	粗脂肪	粗纤维	无氮浸出物	粗灰分		
初花期	29.40	6.16	1.12	8.23	8.09	6.40	—	—

栽培要点 种子细小，幼芽顶土能力差，因此整地要精细。在长江中下游地区 4～5 月种植为宜。播种时要掌握土壤水分状况，播后覆土 1.5 厘米深。通常播后 5～6 天即可出苗。刈割草地一般采用条播，每公顷播种量 10.5～15 千克，行距 50 厘米；也可以育苗移栽，每公顷栽 60 000～75 000 株，行距 45 厘米，株距 20～25 厘米。一般每公顷使用优质有机肥 22 500 千克，缺磷的土壤每公顷施过磷酸钙 250～300 千克作基肥。作青饲料利用时，一般在拔节后刈割，每次刈割后施追肥一次。

宁杂4号美洲狼尾草

拉丁名 *Pennisetum glaucum* (L.) R. Brown cv. Ningza No. 4

植株

品种来源 由江苏省农业科学院草牧业研究中心申报，2001年通过全国草品种审定委员会审定，登记为育成品种；品种登记号220；申报者：白淑娟、周卫星、丁成龙、顾洪如、钟小仙。

植物学特征 丛生型高秆草本；高3.1米，植株紧凑。分蘖约11个，最多可达20个，茎秆圆形。叶片长披针形，互生，质地柔软，长约67.2厘米，边缘呈微波浪型。穗状花序柱状，长约25厘米，穗粒数约3 400粒，单株穗重90.72克。

生物学特性 喜温暖湿润的气候条件，当气温达到20℃时，生长加快，耐旱、耐酸、耐瘠薄。对氮肥敏感，水肥条件良好的条件下产量极高。

饲用价值 粮饲兼用型品种。秸秆可青贮或粉碎调制草粉；如不收籽粒，可刈割青饲，再生性强。草质优良，适口性好，各家畜均喜食。宁杂4号美洲狼尾草化学成分见下表。

样品情况	干物质	占干物质					钙	磷
		粗蛋白	粗脂肪	酸性洗涤纤维	中性洗涤纤维	粗灰分		
拔节期 风干	95.20	4.94	1.71	34.35	68.47	6.09	0.41	0.11

宁杂4号美洲狼尾草的化学成分 (%)

茎秆及根系

鞘口及叶片

植株花序

栽培要点 宁杂 4 号美洲狼尾草种子小，幼芽顶土能力差，因此整地要精细。在长江中下游地区 4～5 月种植为宜。播后覆土 1.5 厘米，通常播后 5～6 天即可出苗。一般采用条播，行距 50 厘米；也可以育苗移栽，株行距 25 厘米×45 厘米。需肥较多，一般每公顷施用有机肥 22 500 千克，缺磷的土壤每公顷施过磷酸钙 200～400 千克作基肥。作青饲料利用，一般在拔节后刈割，每次刈割后施追肥一次。

邦得 1 号杂交狼尾草

拉丁名　*Pennisetum glaucum* (L.) R. Brown × *P. purpureum* Schum cv. Bangde No. 1

品种来源　由广西壮族自治区北海绿邦生物景观发展有限公司、南京富得草业开发研究所联合申报，2005 年通过全国草品种审定委员会审定，登记为育成品种；品种登记号 315；申报者：白淑娟、施贵凌、周卫星、李增位。

植物学特征　多年生疏丛型高大草本；高约 3.5 米。须根发达，具多数气生根。在密度为每平方米 5 株时，单株分蘖数达 26 个，稀植时单株分蘖数可达 100 ～ 200 个。叶片披针形，长约 80 厘米、宽约 6.5 厘米，叶缘有刚毛，叶面有稀疏柔毛。圆锥花序圆柱状。$2n=3X=21$。

生物学特性　喜温暖湿润气候，耐干旱，耐刈割，再生性好，喜肥喜水，抗倒伏。适宜我国热带、亚热带栽培利用。小花发育不全，花而不实，须用父母本杂交制种，亦可用成熟茎秆进行无性繁殖。

饲用价值　植株高大，叶片多，草质柔嫩，适口性好，各种家畜喜食。适于刈割青饲或调制青贮饲料。邦得 1 号杂交狼尾草化学成分见下表。

大面积栽培（交替刈割）

幼期植株形态

邦得 1 号杂交狼尾草的化学成分 (%)

样品情况	干物质	占干物质					钙	磷
		粗蛋白	粗脂肪	粗纤维	无氮浸出物	粗灰分		
营养期 绝干	100.00	9.98	3.57	32.09	44.15	9.40	—	—

栽培要点 邦得 1 号杂交狼尾草种子细小，种皮薄，易发芽，但幼芽顶土能力差，因此需要精细整地。应在气温稳定在 15℃以上时播种，4 月中下旬播种，播种前需用杀虫剂拌种，防治地下害虫。播种量为每公顷 3 ~ 7.5 千克，株行距（40 ~ 50）厘米 ×（60 ~ 70）厘米。邦得 1 号杂交狼尾草是喜肥水的优质高产暖季牧草，应当施足基肥和种肥，在每次刈割后补施氮肥，才能发挥本品种高产性能。

闽牧 6 号狼尾草

拉丁名 *Pennisetum glaucum* (L.) R. Brown × *P. purpureum* Schum cv. Minmu No. 6

品种来源 由福建省农业科学院农业生态研究所申报，2011 年通过福建省农作物品种审定委员会认定，登记为育成品种；品种登记号 2011003；申报者：黄勤楼、陈钟佃、黄秀声、陈志彤、冯德庆、钟珍梅。

植物学特征 多年生高秆草本；高 3～3.2 米。茎直立，圆柱形，节间长 9～12 厘米。叶互生，长 50～130 厘米、宽 2.5～5.2 厘米，叶脉平行，无主侧脉之分，中脉明显向叶背突起，叶缘有锯齿，两面和叶鞘有少量茸毛；叶舌质软。圆锥花序柱状，有少量抽穗，约长 20 厘米。

生物学特性 喜温暖湿润的气候，日平均气温达到 15℃时开始生长，25～35℃时生长速度最为迅速，气温低于 10℃时生长明显受抑。宿根性强，抗倒伏、抗旱、耐盐碱，在绝大多数土壤上均可生长。对锌特别敏感，在缺锌的土壤上种植，叶片发白，生长不良，如不及时补施锌肥则会造成植株死亡。

饲用价值 叶量丰富，草质柔嫩，适口性好。适宜刈割青饲或青贮利用。闽牧 6 号狼尾草化学成分见下表。

株丛形态

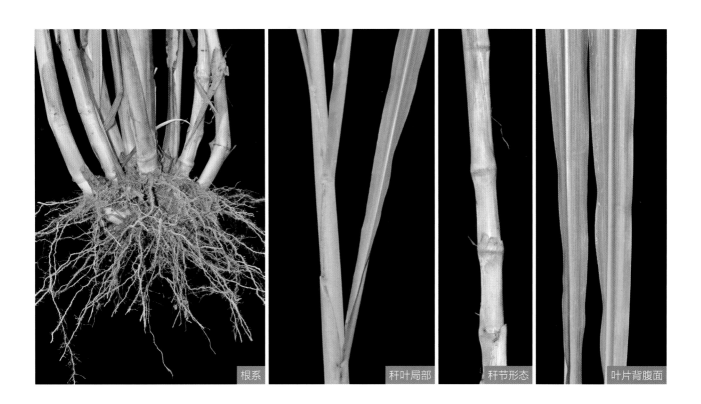

| 根系 | 秆叶局部 | 秆节形态 | 叶片背腹面 |

闽牧 6 号狼尾草的化学成分 (%)

样品情况	干物质	占干物质				钙	磷
		粗蛋白	粗脂肪	粗纤维	粗灰分		
营养期 绝干	100.00	15.30	3.50	22.30	8.85	0.30	—

栽培要点 平均温度达 15℃时，即可利用种茎定植。以土层深厚肥沃的壤土种植为佳，种植前土壤深耕 20 厘米，整地时施足有机肥，可施腐熟的厩肥 20 000 ～ 30 000 千克/公顷。种茎要选择生长期在 100 天以上、无病虫害的茎秆，取健壮茎节 2 ～ 3 节作种；挖穴种植，芽眼朝上，种茎与地面呈 15°～ 45°角植入土中，覆土 1 ～ 2 节，露出地面 1 节；行株距以 50 厘米×50 厘米或 40 厘米×60 厘米为宜。苗期应中耕除草一次；当幼苗长出 3 ～ 4 片叶时，施一次壮苗肥，施用尿素 75 ～ 105 千克/公顷；当植株生长至 50 厘米左右时，施一次分蘖肥，施尿素 120 ～ 150 千克/公顷；每次刈割后都应追施尿素 300 千克/公顷、复合肥 200 ～ 300 千克/公顷；入冬前最后一次刈割后，追施复合肥 400 ～ 600 千克/公顷。

闽牧42 杂交甘蔗

拉丁名 *Saccharum officinaruml* cv. Co419 × *S. robustum* Brandes BC. PT43-52 cv. Minmu No. 42

品种来源 由福建省农业科学院甘蔗研究所申报，1999 年通过全国草品种审定委员会审定，登记为育成品种；品种登记号204；申报者：卢川北、洪月云、刘建昌、郑芥丹、曾日秋。

植物学特征 多年生丛生型草本。具短根茎，单株分蘖 15～20 个。秆圆柱形，直立，高 3.5～4 米、粗 1.7～2 厘米，黄绿色，有蜡质层，芽沟浅而长，节间长 10～17 厘米。叶片直立，尾部渐下垂，表面光滑无毛，边缘有锯齿，长 1～1.3 米、宽 2.7～3.5 厘米；叶鞘长 23～28 厘米，无毛，绿色略黄。

生物学特性 该品种在亚热带自然条件下不开花，冬季不枯萎，是一种高产、优质、耐寒、耐旱、再生性强，适宜热带、亚热带地区栽培。

饲用价值 草质佳，牛、羊、兔喜食。在分蘖初期至拔节后期均可刈割青饲，也适宜调制青贮饲料。闽牧42 杂交甘蔗化学成分见下表。

栽培群体

植株基部形态

秆叶局部

栽培要点 采用种茎无性繁殖，全年均可种植，但冬季气温较低的区域宜覆盖地膜。种植前选成熟的茎秆切成 2～3 节一段作为种茎，种植株行距（10～20）厘米 ×（50～70）厘米，种植时将种茎平放于沟底，然后覆盖薄土。当草层高 1～1.2 米时可刈割利用，每次刈割后应追施氮肥，留茬高度 5 厘米。

秆节

根系

闽牧 42 杂交甘蔗的化学成分 (%)

样品情况	干物质	占干物质					钙	磷
		粗蛋白	粗脂肪	粗纤维	无氮浸出物	粗灰分		
营养期 绝干	100.00	10.40	2.32	30.90	—	13.46	0.58	0.19

闽牧 101 饲用杂交甘蔗

拉丁名 *Saccharum officinarum* L. cv. ROC10 × *S. officinarum* L. cv. CP65-357 cv. Minmu 101

品种来源 由福建省农业科学院甘蔗研究所申报，2011 年全国草品种审定委员会审定，登记为育成品种；品种登记号 435；申报者：曾日秋、洪建基、林一心、丁琰山、卢劲梅。

植物学特征 多年生高大草本；高 4～4.5 米。茎秆直立，粗 1.9～2.5 厘米，实心，圆柱形，不分枝，黄绿色带紫红，节间长 12～15 厘米。叶片阔长条形，长 1.2～1.3 米、宽 2.8～3.5 厘米，叶表面光滑无毛，边缘有小锯齿；叶鞘长于节间，青绿带紫红色，鞘口有细毛。

生物学特性 耐寒、耐旱、再生性强、宿根性好。适宜生长温度 20～30℃，在亚热带地区终年不开花结实。

饲用价值 鲜草产量高，茎部微甜，适口性佳，草食型动物喜食。在分蘖初期至拔节后期均可刈割青饲或调制青贮饲料。闽牧 101 饲用杂交甘蔗化学成分见下表。

栽培群体

植株基部特征

植株基部秆节

叶鞘及茎秆特写

秆叶局部及叶片背腹面

根系及根状茎

闽牧 101 饲用杂交甘蔗的化学成分 (%)

样品情况	干物质	占干物质					钙	磷
		粗蛋白	粗脂肪	粗纤维	无氮浸出物	粗灰分		
营养期 绝干	100.00	9.63	1.82	30.72	—	9.61	0.62	0.18

栽培要点 选择海拔 1 200 米以下，坡度 15° 以下的水田或旱坡种植，在光照充足、土层深厚、肥力中等、水源充足的地块种植效果更好。种植前对地块进行深耕翻犁 35 ～ 40 厘米，耕作层要求做到深、松、碎、平。在热带、亚热带地区一年四季均可种植，冬季低温宜盖地膜，可提高出苗率。种植按行距 50 ～ 70 厘米，浅沟 8 ～ 12 厘米，每米平放 4 段双芽苗，三角形排列，节上的芽平放于沟底，后盖薄土。草层高 1 ～ 1.2 米时可直接刈割饲喂，草层高 1.2 米以上要切碎饲喂，年刈割 3 ～ 4 次。种植前施足基肥，每次收割后追施氮肥。

华南地毯草

拉丁名 *Axonopus compressus* (Sw.) Beauv. cv. Huanan

品种来源 由中国热带农业科学院热带牧草研究中心申报，2000 年通过全国草品种审定委员会审定，登记为野生栽培品种；品种登记号 216；申报者：白昌军、易克贤、刘国道、韦家少、李开绵。

形态特征 多年生匍匐型草本；高 0.15 ～ 0.4 米。茎压扁，一侧具沟，节常被灰白色髯毛。茎生叶长 10 ～ 25 厘米、宽 6 ～ 10 毫米，质柔薄，先端钝，边缘具细柔纤毛；匍匐茎生叶较短，长 6 ～ 13 厘米、宽 4 ～ 8 毫米。总状花序，通常 3 枚以上，小穗单生，含 2 小花；第一小花结实，第二小花不孕。颖果椭圆形至长圆形，长 1.7 ～ 2 毫米。

生物学特性 喜潮湿的热带、亚热带气候，最适生长温度 25 ～ 30℃，不耐寒。在冲积土和较肥沃的沙壤土上生长最好，在干旱沙土等较干燥环境下生长不良。稍耐阴，在林下亦能良好生长。在开旷地叶色浓绿，草层厚，密被地面，形成良好的覆盖层。

利用价值 具良好的坪用价值，适宜建植粗放型草坪，耐践踏，可用作建植公共绿地，稍耐阴也可用以花园绿化；同时，该品种草质柔嫩，叶量大，适口性好，各类家畜喜食，但是其草层低，产量不高，生产上适合直接放牧利用。华南地毯草化学成分见下表。

人工草坪

致密的葡匐枝

葡匐枝特写

葡匐枝根系

栽培要点 主要用根蘖繁殖，极易成活，种植株行距50厘米×50厘米。用种子繁殖时，要求整地精细，雨季播种，撒播、条播均可，播种后用滚筒滚压，无需盖土，每公顷播种量6千克。定植形成草坪后其葡匐茎蔓延迅速，草坪会变得密集而高，而且秋季抽穗，所以作为休息活动草坪、疏林草坪和运动场草坪，必须适时修剪。

小穗特写

华南地毯草的化学成分 (%)						
样品情况	干物质	占干物质				
		粗蛋白	粗脂肪	粗纤维	无氮浸出物	粗灰分
旱季生长 4 周刈割 鲜样	28.60	9.00	1.50	29.20	49.80	10.50
旱季生长 8 周刈割 鲜样	35.60	7.60	1.10	28.80	54.40	8.10
雨季生长 4 周刈割 鲜样	23.80	10.50	1.20	43.10	32.80	12.40
雨季生长 8 周刈割 鲜样	24.90	11.40	1.80	42.40	34.00	10.40

华南半细叶结缕草

拉丁名 *Zoysia matrella* (L.) Merr. cv. Huanan

品种来源 由中国热带农业科学院热带牧草研究中心申报，2000 年通过全国草品种审定委员会审定，登记为野生栽培品种；品种登记号 199；申报者：白昌军、刘国道、韦家少、王东劲、周家锁。

植物学特征 多年生匍匐型草本；秆直立，草层高 5～8 厘米。根系入土深 15～24 厘米。具发达的根状茎和匍匐茎。叶茎生，长 5～20 厘米、宽 2～4 毫米；叶舌具茸毛，包茎或半包茎。圆锥花序，长 1～2 厘米，小穗排列紧凑，披针形，两侧压扁；每小穗发育小花 1 朵，花药 3 枚，紫色。种子成熟时种穗暗褐色，颖果细小，卵圆形。

生物学特性 适应性强，耐寒、耐干旱、耐瘠薄和酸瘦土壤，可在 pH 4.5～5.5 的酸性土壤上良好生长，在滨海滩涂地种植表现优良。耐火烧，火烧过后根茎易生密芽，遇适宜条件即可迅速生长，抗杂草性能强，可抑

人工草坪

株丛整体

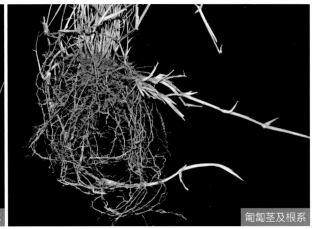
匍匐茎及根系

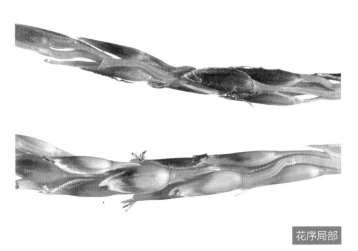
花序局部

小穗整体

制部分杂草的生长。花果期为 7～10 月。

坪用价值 华南半细叶结缕草用途广,该品种耐践踏,适宜建植足球场地和其他公共绿地,同时,也可用作斜坡地的护坡草坪。

栽培要点 华南半细叶结缕草种子细小,产量低,饱满度低,发芽率只有 15%～25%,因此常采用营养体繁殖法建坪,建坪主要有扦插法、分株移栽和草块铺植三种。建坪前须翻耕整地,施用腐熟猪粪作基肥,坪床要求精细平整。商品草皮的繁殖常采用扦插法进行,一般按 5～10 厘米行距平行扦插根茎和匍匐茎,2～3 个月可形成致密草坪。成坪后要加强养护与管理,包括镇压、施肥、表施土壤、浇水、除草和病虫害防治。修剪高度以 4～6 厘米为宜,在高尔夫球场中可修剪至 2～3 厘米高。施肥可分成三次,即成坪前、成坪期和入冬前的三次施肥较为关键,年施氮∶磷∶钾为 6∶4∶3 的复合肥 375～450 千克 / 公顷。

纳罗克非洲狗尾草

拉丁名 *Setaria sphacelate* (Schum.) Stapf ex Massey cv. Narok

品种来源 由云南省草地动物科学研究院申报，1997 年通过全国草品种审定委员会审定，登记为引进品种；品种登记号 181；申报者：奎嘉祥、匡崇义、袁福锦、黄必志、钟声。

植物学特征 多年生丛生草本；具短根茎。秆直立，高 1～2 米，径粗 4～8 毫米，光滑，节常被白粉。叶线形，长 15～40 厘米、宽 7～12 毫米，无毛；基部叶鞘压扁而具脊，秆生者圆形，长于节间，鞘口及边缘被白色柔毛；叶舌退化为长约 2 毫米的白色柔毛。圆锥花序紧缩成圆柱形，直立或稍下垂，长 10～40 厘米，主轴被黄色刚毛，小穗宽卵形，直径 2～3 毫米；柱头多数为紫色，少数白色。颖果较大，呈宽卵圆形，直径约 3 毫米。染色体数 $2n=4X=36$。

生物学特性 喜温暖，耐高温干旱。适宜生长温度为 20～30℃，夏季高温季节仍能保持青绿。冬季零下 5～8℃根部可以越冬。对土壤适应性强，耐酸性强，在 pH 4.5 的红壤中可以正常生长。也可经受短时间洪水淹没或浸泡，耐火烧和重牧。以肥沃湿润土壤生长最好。

饲用价值 茎叶柔嫩多汁，适口性好。适宜利用期为孕穗之前到孕穗期。主要饲喂牛、羊、兔，也是草食性鱼类的优良青饲料。适宜放牧利用、刈割青饲，也可青贮或晒制干草。纳罗克非洲狗尾草化学成分见下表。

栽培群体

营养期植株基部 | 茎叶局部 | 叶舌 | 花序 | 小穗解剖

测定项目＼时间	5 月	6 月	7 月	8 月	9 月	平均
粗蛋白	9.00	7.20	5.60	8.60	7.90	7.70
粗脂肪	3.50	3.50	3.70	4.20	2.10	3.40
粗纤维	25.70	26.80	26.90	24.70	26.10	26.00
粗灰分	9.70	10.00	11.20	9.00	11.80	10.30
无氮浸出物	52.10	52.50	52.60	53.50	52.10	52.60

纳罗克非洲狗尾草的化学成分 (%)

栽培要点 播种时精细整地，并每公顷施农家肥 15 000 千克、磷肥 225 千克作基肥。春季 3 月或夏季雨天播种，条播、撒播均可，条播行距为 30 厘米，播深为 1 ～ 2 厘米，播种量每公顷为 4.5 千克，播种后轻压。可单播，也可与大翼豆、柱花草、紫花豆等豆科牧草混播建成优质人工放牧草地，如与豆科牧草混播，在生长和放牧利用时以施磷肥为主。常在雨季生长茂盛时刈割，留茬高度为 10 ～ 15 厘米，旱季放牧以每 4 ～ 8 周轮牧一次为宜。

卡选 14 号狗尾草

拉丁名 *Setaria sphacelata* (Schumach.) Stapf & C. E. Hubb. ex M. B. Moss cv. Kaxuan 14

株丛

品种来源 由广西壮族自治区畜牧研究所申报，1986 年通过广西品种审定；登记为引进品种；申报者：黄致诚、彭家崇、何咏松。

植物学特征 多年生直立草本；高 1.5 米左右。须根发达，入土深 30 ～ 50 厘米。茎粗 3.8毫米，节分蘖强，苗期茎基淡紫红色，抽穗期下部茎节淡红色。叶片光滑无毛，叶缘微紫红色，茎叶暗绿色；叶鞘带少许白粉。小穗排列不紧密，种子成熟时刚毛棕黄色。

生物学特性 适于热带和亚热带地区栽培，抗逆性强，比较耐瘠、耐旱。最适生长温度为 25 ～ 30℃。抗寒性强，零下 4℃时仍有50% 的茎叶保持青绿。

饲用价值 每年可刈割 4 ～ 5 次，连续生长的单株累计鲜草产量可达 7.39 千克，年鲜草产量为 225 000 千克 / 公顷。氨基酸含量丰富，其中赖氨酸占 0.450%、苯丙氨酸占0.473%、缬氨酸占 0.423%、苏氨酸占 0.379%、异亮氨酸占 0.339%、亮氨酸占 0.768%、色氨酸占 0.112%、蛋氨酸占 0.057%。适口性好，无论放牧、刈割青饲或青贮，水牛、黄牛都喜食，并可用于养兔、养鱼等。卡选 14 号狗尾草化学成分见下表。

卡选 14 号狗尾草的化学成分 (%)								
样品情况	干物质	占干物质					钙	磷
		粗蛋白	粗脂肪	粗纤维	无氮浸出物	粗灰分		
育穗期植株 鲜样	14.05	12.44	2.74	26.77	36.45	7.55	—	—

叶鞘及叶片

根系

秆节及叶片背腹面

花序及小穗整体

栽培要点 可分株或育苗移植。分株移栽趁阴雨天进行，将株丛离地面 10 厘米左右割除，然后带土起苗移栽，定植时轻压苗根部，然后盖以细碎薄土。分蘖苗长至 15 厘米左右，进行中耕追肥；育苗移栽与分株移栽基本相同，只是要先做好播种育苗，选沙质壤土或壤质土壤作苗床，于 2 月底播种，育苗 1 公顷可移栽 25 公顷，待苗高 15 厘米左右即可移植，移栽前施足基肥，每公顷施粪肥 15 000 千克左右，栽植密度以 30 厘米 × 20 厘米或 40 厘米 × 40 厘米为宜，移栽后草层高 30 厘米以上时要增大施肥量，每公顷施氮肥 120 ～ 180 千克。

粤引 1 号糖蜜草

拉丁名 *Melinis minutiflora* Beauv. cv. Yueyin No. 1

品种来源 由广东省畜牧局饲料牧草处、广东省农业科学院畜牧兽医研究所联合申报，1991 年通过全国草品种审定委员会审定，登记为引进品种；品种登记号 102；申报者：李居正、林坚毅、刘君默、张庆智、罗建民。

植物学特征 多年生草本；全株被腺毛，有蜜糖味。秆多分枝，基部平卧，节上生根，上部直立，开花时高达 1 米，节上具柔毛。叶片线形，长 5～10 厘米、宽 5～8 毫米，两面被毛；叶鞘短于节间，疏被长柔毛和瘤基毛；叶舌短，膜质。圆锥花序开展，长 10～20 厘米，末级分枝纤细，小穗卵状椭圆形，长约 2 毫米；第一颖小，三角形，无脉，第二颖长圆形，具 7 脉，顶端 2 齿裂，裂齿间具短芒或无；第一小花退化，外稃狭长圆形，具 5 脉，顶端 2 裂，裂齿间具 1 纤细的长芒，长可达 10 毫米，内稃缺，第二小花两性，外稃卵状长圆形，较第一小花外稃稍短，具 3 脉，顶端微 2 裂，透明。颖果长圆形。染色体 2n=36。

生物学特性 适生长于降雨量 800～1 800 毫米的热带、亚热带地区。最适生长温度 20～30℃。对霜冻敏感，持续霜冻会死亡。耐旱、耐酸，是草地改良和水保的先锋草种，但不耐盐碱、火烧和连续重牧。

饲用价值 草质优，植株分泌蜜糖气味而家畜喜食，年产鲜草为 22 500～45 000 千克/公顷，可供放牧利用、青饲或调制青贮饲料。粤引 1 号糖蜜草化学成分见下表。

栽培要点 播种前须浅翻浅耙、清除杂草，适于 3～4 月春播，每公顷播种量为 1.5～7.5 千克，种子细小不易播匀，可用细砂、细土或稻壳等与种子混匀后撒播，播后镇压一次。也可条播，行距为 60 厘米，播深为 1 厘米。建植成草地后可刈割利用或放牧利用，年可刈割 4～5 次，留茬高度为 15～20 厘米；放牧利用时，宜轮牧，休牧后待再生草长到 35～45 厘米时，可再度放牧。

植株群体

粤引 1 号糖蜜草的化学成分 (%)

样品情况	干物质	占干物质					钙	磷
		粗蛋白	粗脂肪	粗纤维	无氮浸出物	粗灰分		
生长 3 周刈割 鲜样	23.30	13.31	3.11	27.61	45.01	10.96	0.38	0.15
生长 6 周刈割 鲜样	24.90	9.78	2.78	27.96	51.93	7.55	0.43	0.14
生长 9 周刈割 鲜样	27.00	9.51	3.25	30.14	50.48	6.62	0.42	0.15
生长 12 周刈割 鲜样	29.10	8.88	2.53	32.13	49.92	6.54	0.45	0.13

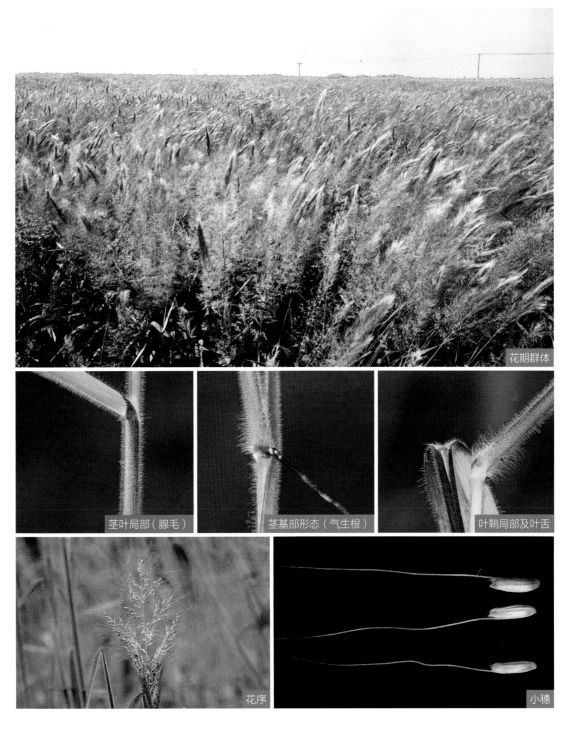

花期群体

茎叶局部（腺毛）

茎基部形态（气生根）

叶鞘局部及叶舌

花序

小穗

华农 1 号青贮玉米

拉丁名 *Zea mays* L. var. *rugosa* Bonaf × *Euchlaena mexicana* Schrad.
cv. Huanong No. 1

植株

品种来源 由华南农业大学申报，1993 年通过全国草品种审定委员会审定，登记为育成品种；品种登记号 126；申报者：卢小良、张德华、陈德新、李贵明、梁伟德。

植物学特征 一年生高大草本；秆直立，通常不分枝，高 2.1～2.3 米。基部各节具支柱根。叶片扁平宽大，线状披针形，长 0.5～1.6 米、宽 3～7 厘米，基部圆形呈耳状，无毛或具柔毛，中脉粗壮，边缘微粗糙；叶鞘具横脉；叶舌膜质，长约 2 毫米。顶生雄性圆锥花序大型，主轴与总状花序轴及其腋间均被细柔毛；雄性小穗孪生，长 1 厘米，小穗柄一长一短，分别长 2～4 毫米及 1～2 毫米，被细柔毛；两颖近等长，膜质，约具 10 脉，被纤毛；外稃及内稃透明膜质，稍短于颖；花药橙黄色，长约 5 毫米。雌花序被鞘状苞片所包藏；雌小穗孪生，成 16～30 纵行排列于序轴上，两颖等长，宽大，无脉，具纤毛；外稃及内稃透明膜质，雌蕊具极长而细弱的线形花柱。

生物学特性 喜光、耐高温，在 32℃的高温条件下仍能正常生长，不会出现早花减产的现象。播种后 3～5 天出苗，90 天吐丝，120 天蜡熟，全生育期约 130 天。

饲用价值 茎叶柔嫩，含糖量高，适口性好，适宜饲喂各种家畜。生产上适宜刈割青饲或调制青贮饲料。华农 1 号青贮玉米化学成分见下表。

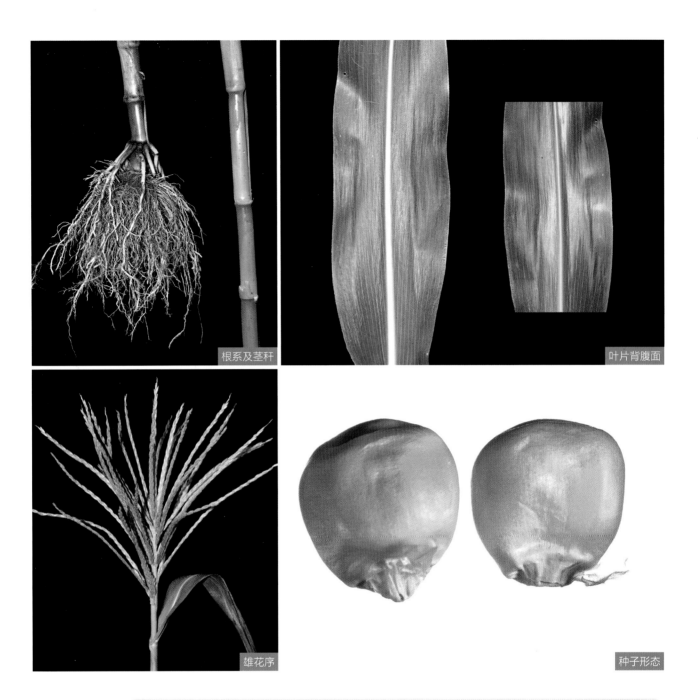

根系及茎秆

叶片背腹面

雄花序

种子形态

华农 1 号青贮玉米的化学成分 (%)

样品情况	干物质	占干物质					钙	磷
		粗蛋白	粗脂肪	粗纤维	无氮浸出物	粗灰分		
抽穗期 绝干	100.00	14.90	2.60	27.20	47.50	7.80	0.45	0.27
蜡熟期 绝干	100.00	11.30	3.60	23.30	55.60	6.20	0.25	0.22
乳熟期 绝干	100.00	9.60	1.70	30.30	53.40	5.00	0.34	0.17

栽培要点 选用种子直播或育苗移栽。广东种植播种期 4 ～ 6 月，年可播 2 季。单播株行距以 50 厘米 ×60 厘米为宜，也可与豆科牧草间作。播种后 3 ～ 5 天及时查苗补苗。拔节期与抽穗期，应追施尿素 450 ～ 750 千克 / 公顷。吐丝期或蜡熟期可一次性收割利用。

耀青 2 号玉米

拉丁名 *Zea mays* L. cv. Yaoqing No. 2

花期植株

品种来源 由广西壮族自治区南宁耀洲种子有限责任公司申报，2005 年通过全国草品种审定委员会审定，登记为育成品种；品种登记号 318；申报者：赵维肖。

植物学特征 一年生高大草本；秆直立，株型半紧凑，高 2～3 米。基部各节具支柱根。主茎叶约 21 片，叶片扁平宽大，线状披针形，长 0.8～1.8 米、宽 4～8 厘米，基部圆形呈耳状，中脉粗壮，边缘微粗糙；叶鞘具横脉，浅紫色到紫色；叶舌膜质，长约 2 毫米。顶生雄性圆锥花序大型，主轴与总状花序轴及其腋间均被细柔毛，雄性小穗孪生，被细柔毛，两颖近等长，膜质，约具 10 脉，被纤毛，外稃及内稃透明膜质，稍短于颖，花药橙黄色；雌花序被鞘状苞片所包藏；雌小穗孪生，穗行数约 15 行，行粒数 35.6 粒，出籽率 87.3%。

生物学特性 苗势较强，根系发达、适应性广、较耐旱、耐低温、耐涝、抗倒性、抗病。播种后 3～5 天出苗，90 天吐丝，120 天蜡熟，全生育期约 130 天。

饲用价值 草质优，适口性佳，适于青贮饲喂牛羊也可打浆饲喂猪等牲畜。耀青 2 号玉米化学成分见下表。

样品情况	干物质	占干物质					钙	磷
		粗蛋白	粗脂肪	粗纤维	无氮浸出物	粗灰分		
乳熟期 绝干	100.00	9.82	1.89	22.37	43.47	8.55	—	—

耀青 2 号玉米的化学成分 (%)

雌花序

根系及秆节

叶片背腹面

雄花序

雄小穗整体

成熟果实

栽培要点 选用种子直播。长江中下游地区 3～4月春播，7月下旬播种二茬。往北播期相应推迟。春播6万～6.75万株/公顷，秋播则7万～8万株/公顷。播种前以农家肥作基肥，种后增施纯磷肥50～60千克/公顷。播种后3～5天应及时查苗补苗。拔节期应追施尿素450～750千克/公顷。拟在吐丝期或蜡熟期一次性收割利用。

墨西哥类玉米

拉丁名 *Euchlaena mexicana* Schrad

品种来源　由华南农业大学和广东省畜牧局饲料牧草处联合申报，1993 年通过全国草品种审定委员会审定，登记为引进品种；品种登记号 135；申报者：陈德新、卢小良、林坚毅。

植物学特征　一年生高大草本；秆多分蘗，直立，高 2 ～ 3 米。叶片剑形，长约 0.5 米、宽约 8 厘米；叶舌截形，顶端不规则齿裂。雌花序腋生，雌小穗长约 7.5 毫米；雄花序为大型顶生圆锥花序，雄小穗长约 8 毫米，孪生于延续的序轴一侧；第一颖具 10 多条脉纹，顶端尖，第二颖具 5 脉；鳞被 2 枚，顶端截形有齿，具数脉。染色体 $2n=20$。

生物学特性　适宜温暖、潮湿的气候条件，耐高温，38℃高温生长旺盛，不耐渍涝和霜冻。最适播种温度为 18 ～ 25℃，通常 3 月上旬播种，播后 10 天即可出苗，45 ～ 50 天开始分蘗，一般单株分蘗数可达 15 ～ 30 个；9 ～ 10 月开花；11 月种子成熟。在北方种植，营养生长较好，往往不能结实。

饲用价值　草质脆嫩、多汁、甘甜、适口性好，为牛、羊、马、兔、鹅所喜食，也是淡水鱼类的优良青饲料。再生性强，在广西每年可刈割 4 ～ 5 次，每公顷产鲜草 112 500 ～ 150 000 千克。适宜刈割青饲或调制青贮饲料。墨西哥类玉米化学成分见下表。

栽培群体

根系

花序

孪生雄小穗

雌花序局部

种子形态

墨西哥类玉米的化学成分 (%)								
样品情况	干物质	占干物质					钙	磷
		粗蛋白	粗脂肪	粗纤维	无氮浸出物	粗灰分		
分蘖期 绝干	100.00	11.50	2.20	31.80	43.70	10.80	0.42	0.55
分蘖期 鲜样	14.80	9.83	1.89	27.09	37.20	9.19	0.36	0.47

栽培要点 选择平坦、肥沃、排灌方便的地块种植，播种前施足基肥。条播或穴播均可，行距30～40厘米，株距30厘米，播种量为每公顷7.5千克，出苗后至5片叶时生长开始加快，应追施氮肥75～150千克/公顷，并结合中耕培土。苗高1米左右可刈割作青饲用，每次刈割后均追施氮肥；青饲用刈割1～2次后，当再生草长到2米左右高时再刈割利用；种子生产时，待雌穗花丝枯萎变黑，苞叶变黄即可收获。

盈江危地马拉草

拉丁名 *Tripsacum laxum* Nash cv. Yingjiang

品种来源 由云南省草地动物科学研究院、云南省盈江县畜牧兽医局联合申报，2009年通过全国草品种审定委员会审定，登记为地方品种；品种登记号402；申报者：钟声、罗在仁、薛世明、匡崇义、许艳芬。

植物学特征 多年生高大草本；须根发达。秆直立丛生、粗壮、光滑，高3～4米；节间长5～10厘米。叶片长披针形，长1～1.5米、宽5～10厘米；叶鞘压扁具脊，长于节间；叶舌膜质，长约1毫米。圆锥花序顶生或腋生，由数枚细弱的总状花序组成；小穗单性，雌雄同序，雌花序位于总状花序之基部，轴脆弱，成熟时逐节断落；雄花序伸长，其轴延续，成熟后整体脱落。雌小穗单生穗轴各节；第一颖质硬，包藏着小花，第1小花中性，第2小花雌性，孕性小花外稃薄膜质，无芒。雄小穗孪生穗轴各节，含2朵雄性小花。染色体$2n=72$。

生物学特性 喜高温、高湿气候，不耐水渍。对土壤适应范围广泛，但在透水性差且经常受涝的土壤上生长不良。喜肥，土壤氮肥不足时，会出现株型变小、黄化及叶片早枯现象。高温且干旱时，植株生长缓慢，叶子卷缩，恢复水分供给后，很快恢复生长。栽种后约2个月进入分蘖期，约4个月后进入拔节期，6个月后生长速度达到最快，大约8个月后进入抽穗期。

饲用价值 年产鲜草量大，适口性优良，适宜青饲或调制青贮饲料。营养物质及干物质体外消化率可在较长时间内保持相对稳定。盈江危地马拉草化学成分见下表。

栽培群体

株丛基部支撑根

叶鞘及节

根系

开花期植株

花序

种子形态

盈江危地马拉草的化学成分 (%)								
样品情况	干物质	占干物质					钙	磷
		粗蛋白	粗脂肪	粗纤维	无氮浸出物	粗灰分		
生长 3 周刈割 鲜样	20.90	11.99	3.55	27.96	49.10	7.40	0.38	0.25
生长 6 周刈割 鲜样	24.10	10.95	3.27	28.75	49.82	7.21	0.29	0.26
生长 9 周刈割 鲜样	24.90	9.49	3.47	31.38	49.76	5.90	0.21	0.28
生长 12 周刈割 鲜样	26.00	9.19	4.30	31.61	49.53	5.37	0.26	0.26

栽培要点 主要用种茎扦插、带根分蘖苗移栽及种子播种。生产上常用的是种茎扦插。种植前应翻耕土壤并施足基肥，基肥为腐熟的农家肥为主。扦插时选生长状况良好、茎较粗壮的作种茎，扦插时株行距 60 厘米 × 45 厘米，定植时将种茎斜放于穴内，使芽点位于侧面，并至少有一个节露出土。种植约 20 天后及时中耕除草，翻松土壤有利于分蘖苗的形成。植株长至 1 米高左右时即可刈割利用，刈割后及时追施氮肥利于恢复生长。

寻甸梅氏画眉草

拉丁名 *Eragrostis mairei* Hak. cv. Xundian

品种来源 由云南省草山饲料工作站申报，2008年通过全国牧草品种审定委员会审定，登记为野生栽培品种；品种登记号363；申报者：尹俊。

植物学特征 多年生草本；根系粗壮。秆直立，基部稍膝曲，高50～90厘米，通常具3节。叶片狭线形，长4～25厘米、宽2～3毫米；叶鞘短于节间，压扁，鞘口和鞘的一侧边缘具短毛；叶舌干膜质。圆锥花序开展，长15～22厘米、宽4～11厘米；小穗柄长0.3～2厘米，小穗含4～7小花；第一颖长约2毫米，披针形，先端钝尖，第二颖长约2.5毫米，披针形，先端尖；第一外稃长约3毫米，圆钝，具3脉，侧脉不明显；内稃长约2.2毫米，具不明显的2脊，脊上无毛，宿存；雄蕊3枚，花药长0.8～1毫米。颖果长约0.7毫米，短圆柱形，一侧截平，褐红色。

生物学特性 适宜在海拔800～3 500米的地区种植。多年生，根系粗壮，耐旱、耐酸，适宜各种土壤生长，是草地改良和水保的优良草种。花果期6～10月。

饲用价值 叶量丰富，家畜喜食，可供放牧利用、青饲、晒制干草或调制青贮饲料。

花期株丛

根系

秆节

小穗柄及小穗

花序

粤选 1 号匍匐剪股颖

拉丁名 *Agrostis stolonifera* L. cv. Yuexuan No. 1

品种来源 由广东省仲恺农业技术学院及山伟胜高尔夫服务有限公司联合申报，2004年通过了全国草品种审定委员会审定，登记为育成品种；品种登记号288；申报者：陈平、席嘉宾、吴秀峰、刘艾、郭伟经。

植物学特征 多年生低矮草本；草层高5～16厘米。秆基部平卧地面，节着地生根。叶片线性，长3～7厘米、宽2～4毫米，边缘和脉上微粗糙。叶舌膜质，长圆形，长约2毫米、宽1～3毫米，先端近圆形，微裂；叶鞘无毛；匍匐茎节间短、茎细、叶片较小、叶鞘短。

生物学特性 耐高温、高湿，在南亚热带地区全年保持青绿。对土壤适应性广泛，适宜于肥沃、中等酸性（pH 5.5～6.5）、保水性好的壤土中生长。稍耐阴，疏林下生长良好，但光照充足时生长最好。耐践踏，适合长江以南年降雨量800毫米以上无霜区种植。

坪用价值 草皮致密、质地精细、色泽光亮、匍匐茎节间短、茎细、叶片较小，适宜建植园林观赏类草坪和高尔夫果岭草坪，也可用于城市林阴草坪建设。

栽培要点 种植前要精细整理坪床，要求地表平整，无杂物，土层深厚。简易果岭的坪

园林绿化草坪

高尔夫果岭草坪

花期形态

自然生长植株

床建设要在铺好排水管道的地面上铺 20 厘米厚的河沙，再铺以 5 厘米厚的泥炭土并与上层 10 厘米的沙混合均匀后压实备用。园林草坪的坪床处理需在平整后的土层上铺厚约 5 厘米的河沙。采用营养体繁殖建坪，即将草皮带根分蘖繁殖或直接撒播营养茎，然后尽快覆盖 0.5 厘米厚的细沙，并浇水。建植后保证水分和养分，一般 1～2 个月即可成坪。成坪后的管理主要包括修剪、除草、施肥和浇水及病虫害防治等。养护管理中，宜加强修剪，以保持草坪整齐美丽的外观。

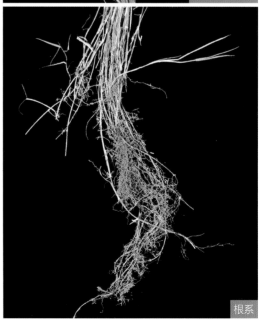
根系

南京狗牙根

拉丁名 *Cynodon dactylon* (L.) Pers. cv. Nanjing

品种来源 由中国科学院江苏省植物研究所申报，2001 年通过了全国草品种审定委员会审定，登记为野生栽培品种；品种登记号 231；申报者：刘建秀、贺善安、刘永东、陈守良、郭爱桂。

植物学特征 多年生根茎型草本；草层高 2.5 ～ 9.5 厘米。具发达的匍匐茎，茎紫红色，节间长 2.5 ～ 5 厘米。叶片线型，长 4 ～ 5 厘米、宽 2 ～ 2.5 毫米，翠绿色。穗状花序 3 ～ 4 枚呈指状簇生于秆顶，花序长 2 ～ 2.5 厘米，小穗长 2.1 ～ 2.3 毫米。颖果，卵圆形，长约 1 毫米、宽约 0.4 毫米。

生物学特性 南京狗牙根适应性强；抗旱性强；耐盐碱，在 pH 9 ～ 11 的土壤中，仍能正常生长；在长江中下游地区 23 ～ 45 天即可成坪，青绿期为 270 ～ 285 天，在海南全年保持青绿。

坪用价值 适于建植足球场、高尔夫球场及公共绿地草坪，也是优良的水土保持植物。

栽培要点 建植前用除草剂除草，耕翻整地，

草坪

植株整体

匍匐茎

小穗整体及花序局部

施足有机肥。将坪床进行精细平整，采用条栽法种植，种植后保持地表湿润，直到成活后再逐步减少灌水。在草坪盖度达 65% ～ 75% 时可进行第一次低修剪，修剪高度 2 厘米，待成坪后进行常规修剪，修剪高度 3 ～ 4 厘米。中等肥力的土壤，常规下全年施肥 3 ～ 4 次，主要包括施返青肥 1 次，施用量为尿素 150 ～ 200 千克 / 公顷；夏季追肥 2 次，分别在 6 月和 8 月施用，施用量为尿素 150 ～ 200 千克 / 公顷；最后一次剪草后施用秋肥一次，施用氮肥：磷肥：钾肥 =25 ： 25 ： 25，用量为 100 千克 / 公顷。

阳江狗牙根

拉丁名 *Cynodon dactylon* (L.) Pers. cv. Yangjiang

品种来源 由中国科学院江苏植物研究所申报，2007 年通过了全国草品种审定委员会审定，登记为野生栽培品种；品种登记号 353；申报者：刘建秀、郭爱琴、郭海林、宣继萍、安渊。

植物学特征 多年生草本；草层高度为 5 ～ 10 厘米。具发达的匍匐茎和根状茎，匍匐茎棕褐色，节间长 1.9 ～ 2.5 厘米，直径 0.7 ～ 0.9 毫米。叶片线形，长 2.8 ～ 3.5 厘米、宽 1.8 ～ 2.2 毫米，叶深绿色。穗状花序 3 ～ 5 枚呈指状簇生于秆顶部，高 9 ～ 12 厘米，花序长 2.3 ～ 2.8 厘米，小穗长 1.9 ～ 2.2 毫米，柱头浅紫色。颖果，卵圆形，浅褐色，长 0.9 ～ 1 毫米、宽 0.3 ～ 0.4 毫米。

生物学特性 匍匐性强，密度高，成坪快，在南京地区中等肥力的地块，种后 21 ～ 25 天即可成坪；草层厚，耐践踏，无明显病虫害；长江三角洲地区 3 月上中旬返青，6 ～ 7 月为盛花期，9 ～ 10 月有少量开花，11 月中下旬枯萎，绿期 265 ～ 275 天。

利用价值 适于建植足球场、高尔夫球场及公共绿地草坪，也是优良的水土保持植物。

草坪

匍匐茎

植株分枝形态及叶片

小穗整体及花序局部

栽培要点　建植前用除草剂除草，耕翻整地，施足有机肥。将坪床进行精细整平，采用条栽法种植，种植后保持地表湿润，直到成活后再逐步减少灌水。在草坪盖度达 65% ～ 75% 时可进行第一次低修剪，修剪高度 2 厘米，待成坪后进行常规修剪，修剪高度 3 ～ 4 厘米。中等肥力的土壤，常规下全年施肥 4 次，主要包括施返青肥一次，施用量为尿素 150 ～ 200 千克 / 公顷；夏季追肥 2 次，分别在 6 月和 8 月施用，施用量为尿素 150 ～ 200 千克 / 公顷；最后一次剪草后施用秋肥一次，施用氮肥：磷肥：钾肥 =25：25：25，用量为 100 千克 / 公顷。

鄂引 3 号狗牙根

拉丁名 *Cynodon dactylon* (L.) Pers. cv. Eyin No. 3

品种来源 由湖北省农业科学院畜牧兽医研究所申报，2009 年通过全国草品种审定委员会审定，登记为引进品种；品种登记号 395；申报者：刘洋、田宏、张鹤山、王志勇、徐智明。

植物学特征 多年生草本。具发达的根状茎和细长的匍匐茎，匍匐茎扩展能力极强，长可达 2 米。叶披针形或线形，长 15～20 厘米、宽 5～7 毫米；叶舌短。穗状花序，长 2～5 厘米，3～11 枚指状排列于秆顶；小穗排列于穗轴一侧，长 2～2.5 毫米，含一小花。

颖果，椭圆形，长约 1 毫米。

生物学特性 抗旱、耐热能力强，抗寒性好，在武汉地区绿期长达 270 天，在海南全年保持青绿。再生性强，各茎节着地生根，可繁殖成新株。

饲用价值 草质柔软，叶量丰富，适口性好，家畜喜食，晒制成干草后气味清香，是家畜良好的补充饲草。植株可刈割青饲、调制干草或制作青贮料，也可放牧利用。鄂引 3 号狗牙根营养成分见下表。

栽培群体

植株茎叶

植株根系

匍匐茎节上生根及根状茎茎芽

花序

鄂引 3 号狗牙根营养成分 (%)								
样品情况	干物质	占干物质					钙	磷
		粗蛋白	粗脂肪	酸性洗涤纤维	中性洗涤纤维	粗灰分		
抽穗期 绝干	100.00	11.60	1.80	32.00	65.40	7.30	—	—

栽培要点 对土壤要求不严,从沙土到重黏土均可生长。播前整地,耕深 20～30 厘米,施足基肥,一般施有机肥 30 000～45 000 千克 / 公顷。繁殖方法有分株移栽、切茎撒压和插条繁殖。常条植,开畦 2～3 米,行距 25～30 厘米,在返青后将匍匐茎和根茎切成 6～10 厘米的小段,直接撒于整好的沟内,覆土 2～3 厘米、镇压。也可按株行距 20 厘米×25 厘米栽植,栽植后及时浇水,保持土壤湿润可快速覆盖地面。栽后需注意除草并追肥 1 次,主要是尿素,施量为 120～150 千克 / 公顷。待草地可利用时,每次刈割后追施尿素 90～120 千克 / 公顷。如作为刈割利用,当草层高度达 30～40 厘米时可刈割,留茬高度 4～6 厘米。每年可刈割 4～6 次,在霜冻前一个月应停止刈割利用。

重高扁穗牛鞭草

拉丁名 *Hemarthria compressa* (L. F.) R. Br. cv. Chonggao

品种来源 由四川农业大学申报，1987年通过全国草品种审定委员会审定，登记为野生栽培品种；品种登记号010；申报者：杜逸、张世勇、王天群。

植物学特征 多年生草本；具匍匐根状茎。秆高0.6～1.5米，直径2～3毫米，鞘口及叶舌具纤毛。叶片线形，长5～13厘米、宽3～8毫米，两面无毛。总状花序长5～10厘米。无柄小穗陷入总状花序轴凹穴中，长卵形，长4～5毫米；第一颖近革质，背面扁平，具5～9脉，第二颖纸质；第一小花仅存外稃，第二小花两性，外稃透明膜质，长约4毫米；内稃长约为外稃的2/3，顶端圆钝，无脉。具柄小穗披针形，等长或稍长于无柄小穗；第一颖草质，卵状披针形，先端尖或钝，两侧具脊，第二颖舟形，先端渐尖；第一小花中性，仅存膜质外稃，长约3.5毫米，第二小花两性，内外稃均为透明膜质；雄蕊3枚，花药长约2毫米。颖果长卵形，约2毫米长。

生物学特性 喜温暖湿润气候，在亚热带地区种植冬季能保持青绿。重高扁穗牛鞭草播种出苗快，出苗15天开始分蘖，夏季生长快，7月日生长量可达3.6厘米，在四川7月中旬抽穗，8月开花，9月初结实，10月种子成熟，结实率较低，种子小，不易收获。再生性好，每年刈割4～6次，每次刈割后50天即可生长到100厘米以上。

饲用价值 植株高大、叶量丰富、草质柔嫩适口性好、营养丰富，是牛、羊、兔的优质

栽培群体

匍匐茎

秆叶局部

根系

花序

饲料。一般青饲较好，各种家畜喜食。调制干草不易掉叶，但脱水慢、晾晒时间长，遇雨易腐烂。青贮效果好，利用率高。

栽培要点　对地形的选择不高，坡地、平地均可种植。生产上广泛采用无性繁殖，种植前翻耕整地，除灭杂草，并施足基肥，基肥包括腐熟牛粪按 60 000 ～ 135 000 千克 / 公顷、钙镁磷肥 375 千克 / 公顷均匀撒布于土壤表面并重复翻耕，耙平镇压。定植前开沟，沟深 10 ～ 15 厘米，行距 20 厘米，将切好的种茎靠沟一侧排好，芽朝上，间距 10 厘米，然后覆土，留一个芽露出地面，种植后及时浇水。定植恢复生长后及时中耕除草，尤其是春季和秋季当杂草开花结实以前进行除杂可有效控制杂草。定植后长至地表覆盖度为 80% 时可施用少量尿素，当高度达 35 厘米时，施尿素 15 ～ 40 千克 / 公顷。生长高度达 50 ～ 60 厘米时即可进行刈割利用，留茬 2 ～ 5 厘米，年可刈割 6 ～ 7 次，每次刈割后追施尿素 75 ～ 120 千克 / 公顷，最后一次刈割应在 10 月下旬至 11 月初。

广益扁穗牛鞭草

拉丁名 *Hemarthria compressa* (L. F.) R. Br. cv. Guangyi

品种来源 由四川农业大学申报，1987年通过全国草品种审定委员会审定，登记为野生栽培品种；品种登记号011；申报者：杜逸、黄华强、李天华、张世勇、王天群。

植物学特征 多年生草本；具匍匐根状茎。秆高 0.6～1.5 米，直径 2～3 毫米，鞘口及叶舌具纤毛。叶片线形，长 3～13 厘米、宽 3～8 毫米，两面无毛。总状花序长 5～10 厘米。无柄小穗陷入总状花序轴凹穴中，长卵形，长 4～5 毫米；第一颖近革质，背面扁平，具 5～9 脉，先端急尖或稍钝，第二颖纸质；第一小花仅存外稃，第二小花两性；外稃透明膜质，长约 4 毫米，内稃长约为外稃的 2/3，顶端圆钝，无脉。具柄小穗披针形，等长或稍长于无柄小穗；第一颖草质，卵状披针形，先端尖或钝，两侧具脊，第二颖舟形，先端渐尖，完全与总状花序轴的凹穴愈合；第一小花中性，仅存膜质外稃，长约 3.5 毫米，第二小花两性，内外稃均为透明膜质；雄蕊 3 枚，花药长约 2 毫米。颖果长卵形，长约 2 毫米。

生物学特性 分蘖多、抗寒性强、耐酸碱、耐刈割，适宜长江以南地区栽培。广益扁穗牛鞭草属于 C_4 植物，CO_2 吸收的低温极限为 5～10℃，低温使其净光合速率降低，同化物累积减少，生长停滞。

饲用价值 植株高大，叶量丰富，适口性好，是牛、羊、兔的优质饲料。适于青饲，各种

栽培群体

匍匐茎

花序

根系

植株分枝

家畜喜食。拔节期刈割，粗蛋白质在干物质中的含量最高为16.18%；结实期刈割粗纤维的含量为33.18%。

栽培要点 种植前翻耕整地，并施足基肥，基肥包括腐熟牛粪按60 000 ～ 135 000 千克 / 公顷、钙镁磷肥375 千克 / 公顷，均匀撒布于土壤表面并重复翻耕，耙平镇压。定植前起行开沟，沟深 10 ～ 15 厘米，行宽20 厘米，将切好的种茎靠沟一侧排好，芽朝上，间距 10 厘米，然后覆土，留一个芽露出地面，种植后及时浇水。定植恢复生长后及时中耕除草。生长高度达 50 ～ 60 厘米时即可进行刈割饲喂，留茬 2 ～ 5 厘米，年可刈割 6 ～ 7 次，每次刈割后追施尿素 75 ～ 120 千克 / 公顷，最后一次刈割应在 10 月下旬至 11 月初。

赣饲 1 号纤毛鹅观草

拉丁名 *Elymus ciliaris* (Trinius ex Bunge) Tzvelev cv. Gansi No. 1

品种来源 由江西省饲料科学研究所申报，1990 年通过全国草品种审定委员会审定，登记为育成品种；品种登记号 052；申报者：周泽敏、谢国强。

植物学特征 一年生直立草本；基部节膝曲，高 0.8 ~ 1 米，平滑无毛，常被白粉。叶片扁平，长 10 ~ 30 厘米、宽 3 ~ 10 毫米，两面无毛，边缘粗糙；叶鞘无毛。穗状花序直立或多少下垂，长 10 ~ 20 厘米；小穗绿色，长 15 ~ 22 毫米，含 7 ~ 12 朵小花；颖椭圆状披针形，先端常具短尖头，两侧或一侧具齿，具 5 ~ 7 脉，第一颖长 7 ~ 8 毫米，第二颖长 8 ~ 9 毫米；外稃长圆状披针形，背部被粗毛，边缘具长而硬的纤毛，上部具有明显的 5 脉，通常在顶端两侧或一侧具齿，第一外稃长 8 ~ 9 毫米，顶端延伸成粗糙反曲的芒，长 1 ~ 3 厘米；内稃长为外稃的 2/3，先端钝头，脊的上部具少许短纤毛。

生物学特性 抗逆性强、越夏率高。适宜在亚热带红壤低丘陵地区种植。

饲用价值 抽穗前茎叶柔软，适口性好，各种家畜均喜食，适宜放牧利用或刈割青饲，赣饲 1 号纤毛鹅观草化学成分见下表。

成熟期群体

花序

根系

植株

赣饲 1 号纤毛鹅观草的化学成分 (%)

样品情况	干物质	占干物质					钙	磷
		粗蛋白	粗脂肪	粗纤维	无氮浸出物	粗灰分		
开花期 绝干	100.00	10.10	3.10	33.00	43.70	6.30	0.24	0.17
开花期 鲜样	20.00	2.00	0.40	7.60	9.00	1.00	0.05	0.03

栽培要点 用种子繁殖，播种前应精细整地，施足基肥，每平方米施 2～3 千克有机肥。在江西 9～10 月是适宜的播种期。条播行距 25～30 厘米，播种量 30～37.5 千克/公顷，播种深度约 3 厘米。出苗后定期中耕除草。分蘖期追施尿素 80 千克/公顷、氯化钾 40 千克/公顷，可促进分蘖、提高产量。

赣引百喜草

拉丁名 *Paspalum notatum* Flugge. cv. Ganyin

品种来源 由江西农业大学申报，2001年通过全国草品种审定委员会审定，登记为引进品种；品种登记号228；申报者：董闻达。

植物学特征 多年生草本；秆密丛生，高约0.8米。具粗壮、木质、多节的根状茎。叶片长20～30厘米、宽3～8毫米，扁平或对折；叶鞘基部扩大，长10～20厘米，长于节间，背部压扁成脊，无毛；叶舌膜质，极短，紧贴其叶片基部有一圈短柔毛。总状花序2枚对生，长7～16厘米，斜展，腋间具长柔毛；穗轴宽1～1.8毫米，微粗糙；小穗柄长约1毫米，小穗卵形，长3～3.5毫米，平滑无毛，具光泽；第二颖稍长于第一外稃，

具3脉，中脉不明显，顶端尖；第一外稃具3脉，第二外稃绿白色，长约2.8毫米，顶端尖；花药紫色，长约2毫米，柱头黑褐色。

生物学特性 适应性强，对土壤要求不严，在肥力较低、较干燥的沙质土壤上比其他禾本科牧草生长能力强。耐热、耐瘠、耐践踏，气温在28～33℃时生长良好，低于10℃生长停止，叶色黄绿，初霜后，叶色枯黄休眠。花果期9月。

饲用价值 叶量大且耐践踏，最适放牧利用，也可刈割青饲或调制干草，各家畜均喜食，同时也是草食性鱼类的优质饲料。赣引百喜草化学成分见下表。

栽培群体

植株基部秆节特征

根状茎

花序

小穗整体

颖果

栽培要点 种子繁殖，长江以南地区适宜春播，播种前应翻耕做畦，播前每公顷施 3 700～4 500 千克腐熟的有机肥和 450 千克复合肥为基肥。播前种子用 60℃左右的温水浸种，以利发芽，每公顷播种 9～15 千克，以条播为主，行距 40～50 厘米，播种深度 1～2 厘米。

赣引百喜草的化学成分 (%)								
样品情况	干物质	占干物质					钙	磷
		粗蛋白	粗脂肪	粗纤维	无氮浸出物	粗灰分		
苗期植株 鲜样	19.67	15.93	5.34	27.08	33.88	9.68	0.68	0.32
分蘖期植株 鲜样	20.95	14.26	4.75	29.45	33.51	9.02	1.14	0.29
抽穗期植株 鲜样	24.64	12.07	2.41	36.46	39.56	8.55	1.07	0.17
成熟期植株 鲜样	25.88	7.22	2.23	38.67	37.22	8.06	1.21	0.16

福薯 8 号

拉丁名 *Ipomoea batatas* (L.) Lamarck cv. Fushu No. 8

品种来源 由福建省农业科学院作物研究所申报，2008 年通过福建省甘薯新品种认定，品种登记号闽审薯 2008008。

植物学特征 一年生草本；地下部具纺锤形薯块，薯皮粉红色，薯肉黄色。茎平卧或上升，多分枝，圆柱形，绿色，无毛，茎节易生不定根。叶片三角状卵形，成叶浅复缺刻，基部心形或近于平截，两面近于无毛，叶色浓绿，叶柄长 2.5 ～ 20 厘米，被疏柔毛或无毛。聚伞花序腋生，花 1 ～ 3 朵，花序梗长 2 ～ 10.5 厘米，稍粗壮，无毛或有时被疏柔毛；雄蕊及花柱内藏，花丝基部被毛，子房 2 ～ 4 室，被毛或有时无毛。

生物学特性 该品种具有耐瘠、耐旱、适应性强等特点，适宜热带、亚热带种植。一般气温稳定在 15℃ 时即可种植。属中熟品种，不宜过早收获，早薯全生长期 150 ～ 160 天，晚薯 135 ～ 150 天。

饲用价值 薯藤柔嫩多汁，适口性好，易于消化，是营养价值较高青绿饲料。常喂薯藤的母畜，繁殖能力有明显提高；常喂薯藤的公畜，精液品质有明显改善。薯块是优良的多汁饲料，有促进消化，增加母畜泌乳量的作用。

栽培要点 采用无性繁殖，早薯于 5 月中旬至 6 月下旬前种植，晚薯最迟在 8 月下旬前种植。早薯每公顷种植 52 500 ～ 60 000 株，晚薯每公顷种植 60 000 ～ 67 500 株。种植前应翻耕松土，并施足基肥，基肥以有机肥为主，配合施用部分氮、磷、钾化肥。定植后及时查苗补苗，中耕除草，追肥培土。

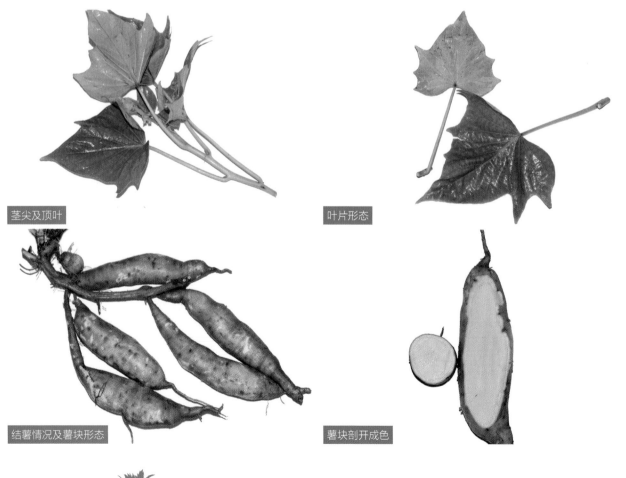

茎尖及顶叶

叶片形态

结薯情况及薯块形态

薯块剖开成色

龙薯1号

拉丁名　*Ipomoea batatas* (L.) Lamarck cv. Longshu No. 1

品种来源　由福建省龙岩市农科所申报，2001年通过福建省甘薯新品种认定；品种登记号闽审薯2001002。

植物学特征　一年生草本；地下部具纺锤形的薯块，单株结薯3～6个，薯皮红色、肉橘色。茎半直立，多分枝，单株分枝6～9条，圆柱形，绿色，无毛，茎节易生不定根。叶片心形，顶叶绿色，叶脉紫色，顶端渐尖，两面无毛，叶柄长短不一，长4～20厘米，无毛。聚伞花序腋生，花1～3朵，花序梗长2～10厘米，稍粗壮，苞片小，披针形，长2～4毫米；花梗长2～8毫米，萼片长圆形，不等长，外萼片长7～10毫米，内萼片长8～10毫米；雄蕊及花柱内藏，花丝基部被毛，子房2～4室。

生物学特性　具有耐瘠、耐旱、适应性强，适宜热带、亚热带种植。一般气温稳定在15℃时即可种植，生长期130～160天，气温低于10℃时要及时收获。

饲用价值　柔嫩多汁，适口性好，易于消化，是营养价值较高的青绿饲料。常喂薯藤的母畜，繁殖能力有明显提高；常喂薯藤的公畜，精液品质有明显改善。薯块是优良的多汁饲料，有促进消化，增加母畜泌乳量的作用。

栽培要点　采用无性繁殖，一般4月下旬至5月上旬迁插定植。种植前应翻耕松土，并施足基肥，基肥以有机肥为主，配合施用部分氮、磷、钾化肥，种植密度每公顷52 500～60 000株。定植后及时查苗补苗，中耕除草。

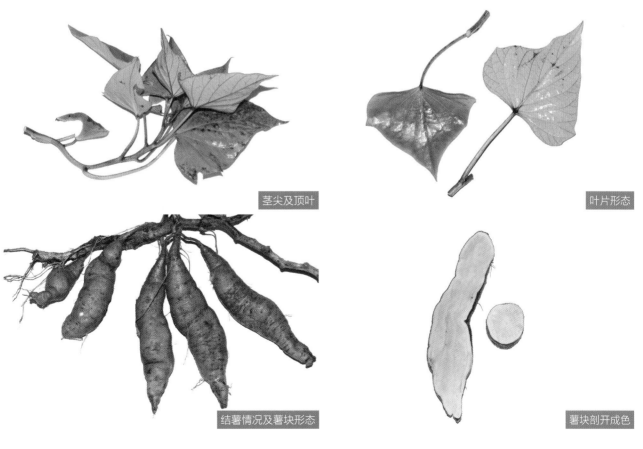

茎尖及顶叶　　　　叶片形态

结薯情况及薯块形态　　　　薯块剖开成色

金山 75 号薯

拉丁名 *Ipomoea batatas* (L.) Lamarck cv. Jinshan No. 75

品种来源 由福建农林大学作物科学学院申报，2010 年通过福建省甘薯新品种认定；品种登记号闽审薯 2010003。

植物学特征 一年生草本；地下部具纺锤形的薯块，单株结薯 3～5 个，薯皮淡红色，薯肉橘红色。茎半直立，分枝多，单株分枝数 7～15 条，茎圆柱形，绿色，无毛，茎节易生不定根。叶片心齿形，成叶、顶叶、叶脉均为绿色，顶端渐尖，两面无毛，叶柄长短不一，长 3～15 厘米，绿色，无毛。聚伞花序腋生，花序梗长 2～9 厘米，稍粗壮，无毛，苞片小，披针形，长 2～4 毫米，花梗长 2～10 毫米，萼片长圆形，不等长，外萼片长 7～10 毫米，内萼片长 8～10 毫米，顶端骤然成芒尖状，无毛；花冠淡紫色，漏斗状，外面无毛，雄蕊及花柱内藏，花丝基部被毛，子房 2～4 室。

生物学特性 耐瘠、耐旱、适应性强，适宜热带、亚热带种植。一般在气温稳定在 15℃时即可种植，生长期 130～160 天，气温低于 10℃时要及时收获。

饲用价值 柔嫩多汁，适口性好，含多种营养物质，易于消化，营养价值较高是很好的青绿饲料。常喂薯藤的母畜，繁殖能力有明显提高；常喂薯藤的公畜，精液品质有明显改善。薯块是优良的多汁饲料，有促进消化，增加母畜泌乳量的作用。薯块晒干率 22.19%，出粉率 12.95%。

栽培要点 采用无性繁殖，早薯在 6 月上旬前栽插，晚薯 8 月上旬前栽插。早薯每公顷种植 52 500 株左右，晚薯每公顷种植 60 000～67 500 株。种植前应翻耕松土，并施足基肥，基肥以有机肥为主，配合施用部分氮、磷、钾化肥。定植后及时查苗补苗，中耕除草，追肥培土。

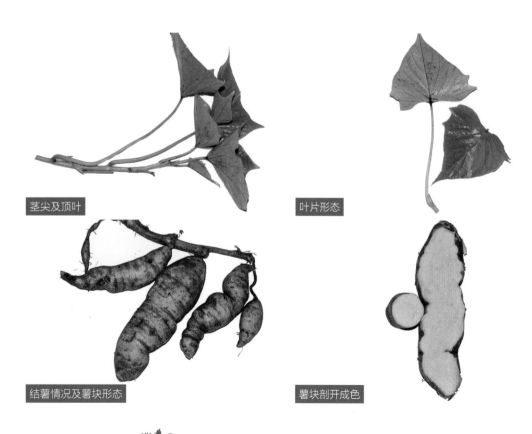

茎尖及顶叶

叶片形态

结薯情况及薯块形态

薯块剖开成色

福薯 7-6

拉丁名 *Ipomoea batatas* (L.) Lamarck cv. Fushu No. 7-6

品种来源 由福建省农业科学院耕作所申报，2003 年通过福建省农作物品种审定委员会认定；品种登记号闽审薯 2003002。

植物学特性 一年生草本；地下部具纺锤形的薯块，单株结薯 3 个左右，薯皮粉红色，薯肉橘黄色。茎半直立，多分枝，单株分枝 10 条左右，茎圆柱形，绿色，被疏柔毛或无毛，茎节易生不定根。叶片心形，顶端渐尖，绿色，两面无毛，叶柄长短不一，长 2～15 厘米，被疏柔毛或无毛。聚伞花序腋生，有花 1～3 朵，花序梗长 2～8 厘米，稍粗壮，苞片小，披针形，长 2～4 毫米，顶端芒尖或骤尖，花梗长 2～10 毫米，萼片椭圆形，外萼片长 7～9 毫米，内萼片长 7～10 毫米；雄蕊及花柱内藏，花丝基部被毛，子房 2～4 室。

生物学特性 萌芽性好，出苗多，生长量大，茎叶采摘后再生能力强，早晚薯均可留种，不抗蔓割病，田间观察没有发生疮痂病。

利用价值 茎叶柔嫩、适口性好、营养丰富，可作为猪、兔的优质青饲料。嫩茎叶可作蔬菜供食用，块根可生产淀粉。

栽培要点 通常采用无性繁殖，一般 5 月下旬至 6 月上旬迁插定植，11 月中旬收获。种植前应翻耕松土，并施足基肥，基肥以有机肥为主，配合施用部分氮、磷、钾化肥，种植密度每公顷 45 000～49 500 株。定植后及时查苗补苗，中耕除草，追肥培土。

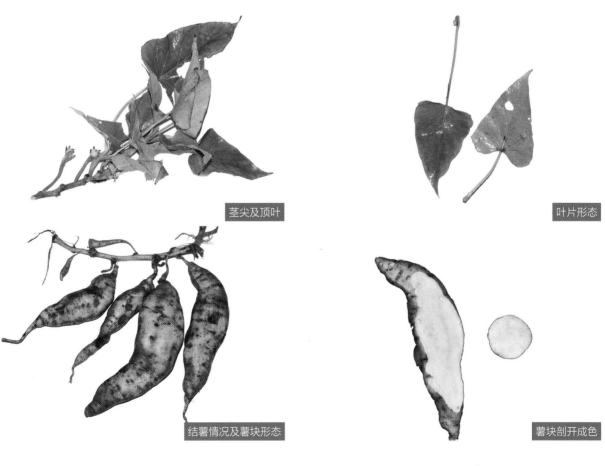

茎尖及顶叶

叶片形态

结薯情况及薯块形态

薯块剖开成色

华南 101 号木薯

拉丁名 *Manihot esculenta* Crantz. cv. M. SC 101

品种来源 1912 年自马来西亚引入，又称面包木薯或马来红，是海南推广最早的品种之一。基础原种保存于中国热带农业科学院热带作物品种资源研究所。

植物学特征 多年生直立亚灌木；株高 1.8～3.0 米，无毛。块根膨大，呈纺锤状或圆柱状，块根外皮红褐色，内皮粉红色。顶端嫩茎绿带紫色，成熟茎外皮灰褐色，内皮深绿色，茎具节，节上有芽点。叶互生，叶片宽大，掌状深裂，裂片 5～9 枚，线形，长 11.5～17.5 厘米、宽 4.1～5.1 厘米，侧脉数 6～10 条，叶柄长 14～20 厘米，紫红色，具不明显细棱。圆锥花序；雌雄同株，雄蕊约 10 枚，子房 3 室。蒴果，椭圆形，长 1.5～2.1 厘米，直径 1.0～1.4 厘米，表面粗糙。种子扁长圆状，长约 1 厘米、宽约 0.6 厘米，种皮硬壳质，具斑纹，光滑。

生物学特性 适应性强，可在年均温度 ≥ 16℃、无霜期 ≥ 6 个月的地区种植。种茎出苗率高，生长快，长势旺，茎秆坚硬，抗风力强。一般植后 8 个月可收获，结薯多而集中，易收获，亩产鲜薯 1 000～1 200 千克。

植株

顶端嫩叶　　顶端嫩茎及叶柄形态　　茎秆形态

叶片形态　　整株薯　　薯块

栽培要点

（1）土地耕整　按每亩 1 000～1 500 千克有机肥翻耕土壤，并用旋耕机将土块打碎、摊平；有条件地区可用起垄机械起垄种植。

（2）种茎准备　将种茎截成长度 15～20 厘米一段，放入含有约 1 000 倍液杀虫剂和杀菌剂溶液中浸泡 20 分钟，取出备用。

（3）种植方式　种植可根据土层厚度采用平放、直插和斜插 3 种方式，在 10 层较厚的旱地，建议采用平放种植，株行距为 0.8 米 ×0.8 米。

（4）田间管理　包括补苗、施肥、除草和病虫害防治。补苗工作在种植 20 天左右开始，每穴只保留 2 株幼苗即可，若有缺株应及时补苗。施肥工作在种植时每穴施 50 克复合肥。除草工作一般采用萌前除草，即种植后 2～3 天，根据天气情况及时喷洒草甘膦和乙草胺一次。在高温条件下，容易诱发螨害，及时喷洒杀螨剂；阴雨天容易发生细菌性枯萎病和叶斑病，要注意防治。

（5）收获　木薯种植后 8～12 月可以采收地下膨大块根。

经济价值　块根干物质含量 40%～45%，淀粉含量 30%～35%，HCN 含量 40～50 毫克 / 千克。可供食用或饲用，是非洲、美洲、东南亚等热带地区的主要粮食作物和重要的饲料原料；也是重要的工业原料，可生产淀粉、酒精。

华南 201 号木薯

拉丁名 *Manihot esculenta* Crantz. cv. M. SC 201

植株

品种来源 1935 年自马来西亚引入我国，又称南洋红木薯或东莞红尾，1940 年前后开始推广应用。基础原种保存于中国热带农业科学院热带作物品种资源研究所。

植物学特征 多年生直立亚灌木；全株无毛，高 1.8～3.0 米，顶端分叉，一般分叉 3 个。茎具节，节上有芽点，成熟茎外皮褐色，内皮浅绿色。叶互生，叶柄长 22～29 厘米，紫红色，叶片宽大，掌状深裂，裂片 5～9 枚，线形，长 15.5～19.6 厘米、宽 3.9～5.0 厘米，侧脉数 8～10 条。圆锥花序顶生或腋生；雄花具雄蕊约 10 枚，子房 3 室。蒴果，椭圆形，长 1.5～2.1 厘米，直径 1～1.4 厘米，表面粗糙。种子扁长圆状，长约 1 厘米、宽约 0.6 厘米，种皮硬壳质，具斑纹，光滑。

生物学特性 适应性强，可在年均温度 ≥16℃、无霜期 ≥6 个月的地区种植。种茎发芽快，出苗率高，生长快，长势旺，茎秆坚硬，抗风力强。一般植后 8 个月可收获，亩产鲜薯 1 500～2 000 千克。

栽培要点 同华南 101 号木薯。

经济价值 块根干物质含量 35%～39%，淀粉含量 27%～30%，HCN 含量 90～140 毫克/千克。可供食用或饲用，是非洲、美洲、东南亚等热带地区的主要粮食作物和重要的饲料原料；也是重要的工业原料，可生产淀粉、酒精。

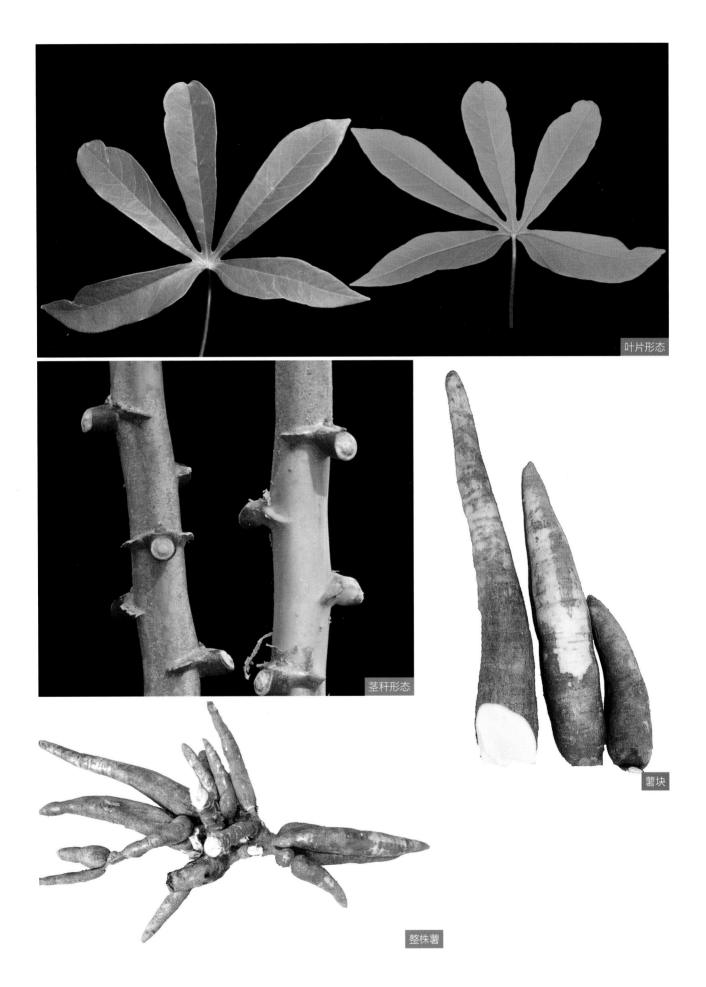

叶片形态

茎秆形态

薯块

整株薯

华南 102 号木薯

拉丁名 *Manihot esculenta* Crantz. cv. M. SC 102

品种来源 1935 年自马来西亚引入我国，又称糯米木薯，1940 年前后开始推广应用。基础原种保存于中国热带农业科学院热带作物品种资源研究所。

植物学特征 多年生直立亚灌木；株高 1.5 ～ 2.6 米，顶端分叉部位低，分叉角度大，一般分叉 3 个。块根膨大，纺锤状或圆柱状，薯外皮深褐色，内皮粉红色。茎具节，节上有芽点，顶端嫩茎浅绿色，成熟茎外皮灰黄褐色，有红色斑点，内皮浅绿色。叶互生，叶片宽大，掌状深裂，裂片 5 ～ 9 枚，线形，长 17.3 ～ 19.2 厘米、宽 4.1 ～ 4.6 厘米，侧脉数 10 ～ 12 条，叶柄长 17 ～ 22 厘米，浅绿色。圆锥花序顶生或腋生；雄蕊 10 枚，子房 3 室。蒴果，椭圆形，长 1.5 ～ 2.1 厘米，直径 1 ～ 1.4 厘米，表面粗糙。种子扁长圆状，长约 1 厘米、宽约 0.6 厘米，种皮硬壳质，具斑纹，光滑。

生物学特性 适应性强，耐旱，可在年均温 ≥ 16℃、无霜期 ≥ 6 个月的地区栽培。种茎发芽快、出苗率高，生长快，长势旺盛，茎秆坚硬，抗倒伏能力强。结薯多且集中，容易收获，产量和淀粉含量高。一般植后 7 个月可收获，亩产为 1 000 ～ 1 200 千克。

栽培要点 同华南 101 号木薯。

经济价值 干物质含量 37% ～ 41%，淀粉含量 30% ～ 35%，HCN 含量 40 ～ 50 毫克 / 千克。可供食用或饲用，是非洲、南美洲和东南亚等热带地区部分国家的主要粮食和重要饲料资源；也是重要的工业原料，广泛应用于工业、农业、运输业和矿业等行业。

植株

顶端嫩茎、叶

茎秆形态

花序局部

叶片形态

整株薯

薯块

华南 205 号木薯

拉丁名 *Manihot esculenta* Crantz. cv. M. SC 205

品种来源 中国热带农业科学院热带作物品种资源研究所利用从菲律宾引进的品系进行评比试验，经筛选而成，定名为华南205，于1960年前后开始推广应用。基础原种保存于中国热带农业科学院热带品种资源研究所。

植物学特征 多年生直立亚灌木；株高1.5～3.0米，分叉部位高，一般分叉2～3个。块根膨大，纺锤状或圆柱状，外皮深褐色，内皮粉红色。茎具节，较密，节上有芽点，顶端嫩茎紫红色，成熟茎外皮褐色，内皮浅绿色。叶掌状深裂，裂片3～9枚，线形，长10～14.5厘米、宽1～2厘米，侧脉数13～20条，叶柄长19～22厘米，紫红色。圆锥花序顶生或腋生；雄蕊约10枚，子房3室。蒴果，椭圆形，长1.5～2.1厘米，直径1～1.4厘米，表面粗糙。种子扁长圆状，长约1厘米、宽约0.6厘米，种皮硬壳质，具斑纹，光滑。

生物学特性 适应性强，可在年均温度 ≥16℃、无霜期≥6个月的地区种植。种茎发芽快，出苗率高，生长快，长势旺盛。茎秆坚硬，抗倒力强，适于风害严重的地区种植。结薯集中，容易收获，产量和淀粉含量高。在广西种植，一般植后9个月可收获，亩产为1 500～2 500千克。

栽培要点 同华南101号木薯，可适当密植。

经济价值 块根干物质含量35%～40%，淀粉含量28%～30%，HCN含量70～90毫克/千克。可供食用或饲用，是非洲、美洲、东南亚等热带地区的主要粮食作物和重要的饲料原料；也是重要的工业原料，可生产淀粉、酒精。

植株

顶端嫩叶

顶端嫩茎及叶柄形态

茎秆形态

花序局部及蒴果

叶片形态

整株薯

薯块

华南 8013 号木薯

拉丁名 *Manihot esculenta* Crantz. cv. M. SC 8013

品种来源 由中国热带农业科学院热带作物品种资源研究所以面包木薯为母本，东莞红尾为父本进行杂交，1982 年育成，1986 年开始推广应用。基础原种保存于中国热带农业科学研究院热带作物品种资源研究所。

植物学特征 多年生直立亚灌木；株高 1.6～2.5 米，分叉部位适中，分叉角度小，一般分叉 3～4 个，呈伞形。块根膨大，粗壮，呈圆锥形，短柄或无柄，富含淀粉，外皮褐色，内皮粉红色。顶端嫩茎浅绿带紫色，成熟茎外皮灰褐色，内皮浅绿色，茎具节，节上有芽点。叶互生，叶片宽大，掌状深裂，裂片 5～9 枚，披针形，长 11.5～16 厘米、宽 1.2～5 厘米，侧脉数 10～14 条，叶柄长 16～28 厘米，基部紫红色。圆锥花序顶生或腋生；雄蕊约 10 枚，子房 3 室。蒴果，椭圆形，长 1.5～2.1 厘米，直径 1～1.4厘米，表面粗糙。种子扁长圆状，长约 1 厘米、宽约 0.6 厘米，种皮硬壳质，具斑纹，光滑。

生物学特性 适应性强，可在年均温度 ≥ 16℃、无霜期 ≥ 6 个月的地区种植。种茎耐贮存，发芽力强，出苗快，长势旺盛，茎秆较坚硬，叶片寿命长，平均寿命为 77.9天，光合效率强，是耐寒、耐旱、耐瘦的高产优良品种。生长快，结薯早、结薯多，属早熟型品种。薯掌状平伸，易收获，收获指数为 0.5～0.6。植后 8 个月可收获，一般亩产为 2 000～2 500 千克。

栽培要点 同华南 101 号木薯。

经济价值 块根干物质含量 38%～41.9%，淀粉含量 30%～32%，HCN 含量 30～40 毫克 / 千克。食用口感很好，是非洲、南美洲和东南亚等热带地区的主要粮食，并可作为重要饲料资源，也是重要的工业原料，可用于生产淀粉和酒精。

植株

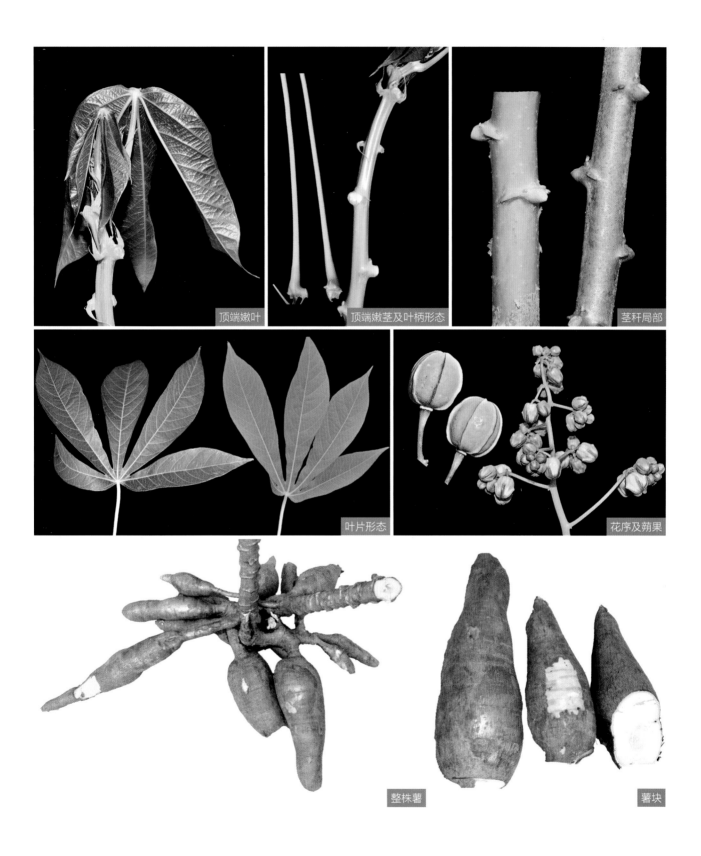

顶端嫩叶　　　顶端嫩茎及叶柄形态　　　茎秆局部

叶片形态　　　花序及蒴果

整株薯　　　薯块

华南 8002 号木薯

拉丁名 *Manihot esculenta* Crantz. cv. SC 8002

品种来源 由中国热带农业科学院热带作物品种资源研究所利用 D-42 自然杂交种子，经多年鉴定与评价筛选出的无性系后代，1980 年育成，1986 年开始推广应用。基础原种保存于中国热带农业科学院热带作物品种资源研究所。

植物学特征 多年生直立亚灌木；株高 2.0～3.0 米，顶端分叉，分叉部位高，分叉短，分叉角度小，一般分叉 3 个。块根膨大，纺锤状或圆柱状，外皮深褐色，内皮粉红色，富含淀粉。顶端嫩茎紫绿色，成熟茎外皮光滑，呈褐色，内皮深绿色，茎具节，节上有芽点。叶互生，叶片宽大，椭圆形，叶色浓绿，掌状深裂几达基部，裂片 3～9 枚，线形，长 14～20.2 厘米、宽 3.7～7 厘米，侧脉数 7～12 条，叶柄长 24.5～34.5 厘米，紫红色。圆锥花序顶生或腋生；雄蕊约 10 枚，子房 3 室。蒴果椭圆形，长 1.5～2.1 厘米，直径 1～1.4 厘米，表面粗糙。种子扁长圆状，长约 1 厘米、宽约 0.6 厘米，种皮硬壳质，具斑纹，光滑。

生物学特性 适应性强，可在年均温度 ≥ 16℃、无霜期 ≥ 6 个月的地区种植。种茎发芽率高，生长整齐，长势旺盛，是耐寒、耐旱、耐贫瘠的高产优良品种，结薯早，结薯集中，浅生，掌状平伸，易收获，收获指数为 0.5～0.6。种茎耐贮存，植后 10 个月可收获。平均亩产约 2 100 千克。

栽培要点 同华南 101 号木薯。

经济价值 块根干物质含量 38%～40%，淀粉含量 27%～30%，HCN 含量 43～60 毫克 / 千克。是重要的工业原料，加工成变性淀粉后用途更广，可用于生产 2 000 多种产品；也是重要的饲料资源，其茎、叶蛋白含量高，饲用价值高。

植株

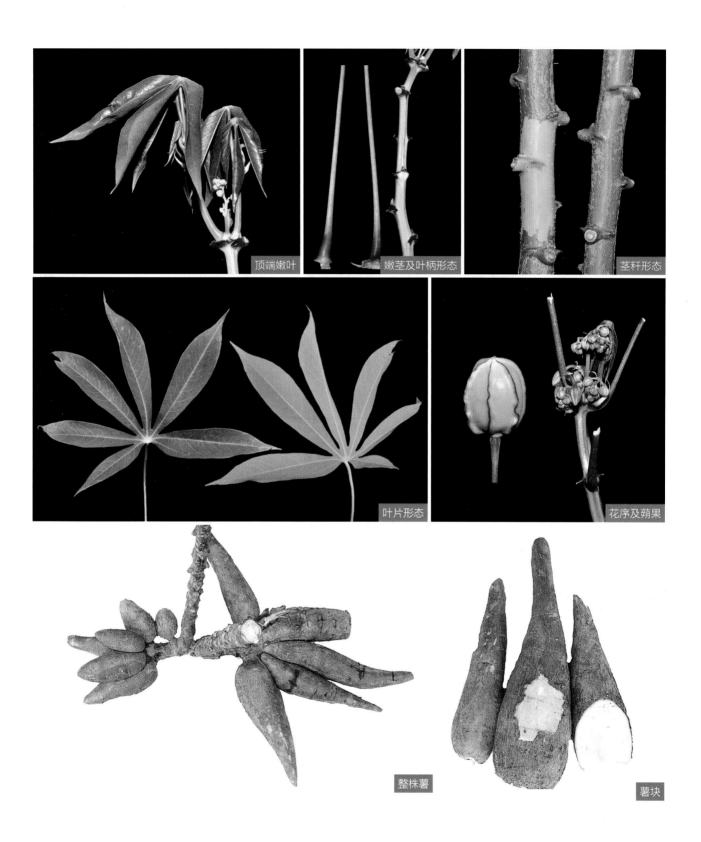

顶端嫩叶

嫩茎及叶柄形态

茎秆形态

叶片形态

花序及蒴果

整株薯

薯块

华南 5 号木薯

拉丁名 *Manihot esculenta* Crantz. cv. SC 5

植株

品种来源 由中国热带农业科学院热带作物品种资源研究所利用 ZM8625 与华南 8013 杂交后选育而成，2001 年 12 月通过全国牧草品种审定委员会审定；品种登记号 219；

申报者：林雄、李开绵、黄洁、许瑞丽、张伟特。基础原种保存于中国热带农业科学院热带作物品种资源研究所。

植物学特征 多年生直立亚灌木；株高 1.4 ～ 2.5 米，分叉早，顶端分叉部位低，分叉角度较大，一般分叉 3 个，呈伞形。块根膨大，纺锤状或圆柱状，外皮淡褐色，内皮粉红色，富含淀粉。顶端嫩茎棱边紫红色，成熟茎外皮灰白色，内皮深绿色，茎具节，节上有芽点。叶互生，叶片宽大，掌状深裂，裂片 3 ～ 9 枚，线形，长 10.5 ～ 15.5 厘米、宽 0.8 ～ 2.7 厘米，侧脉数 13 ～ 18 条，叶柄长 17 ～ 20.5 厘米，红带绿色。圆锥花序顶生或腋生；雄蕊约 10 枚，子房 3 室。蒴果，椭圆形，长 1.5 ～ 2.1 厘米，直径 1 ～ 1.4 厘米。种子扁长圆状，长约 1 厘米、宽约 0.6 厘米，种皮硬壳质，具斑纹，光滑。

生物学特性 适应性强，可在年均温度 ≥ 16℃、无霜期 ≥ 6 个月的地区种植。生长快，长势旺盛，耐旱抗病；具有良好的丰产性和广泛的适应性，结薯集中，浅生，掌状平伸，易收获，耐肥高产，薯块粗大，大小均匀，大薯率高。出苗快，中早熟品种，植后 8 个月可收获。一般亩产为 2 500 ～ 3 000 千克。

栽培要点 同华南 101 号木薯。

经济价值 块根干物质含量 37% ～ 42%，淀粉含量 22% ～ 28%，HCN 含量 50 ～ 70 毫克 / 千克。是重要的工业原料，用于生产淀粉和酒精；其淀粉加工成变性淀粉，应用于加工 2 000 多种产品，涉及行业有工业、农业、运输业和矿业等行业。

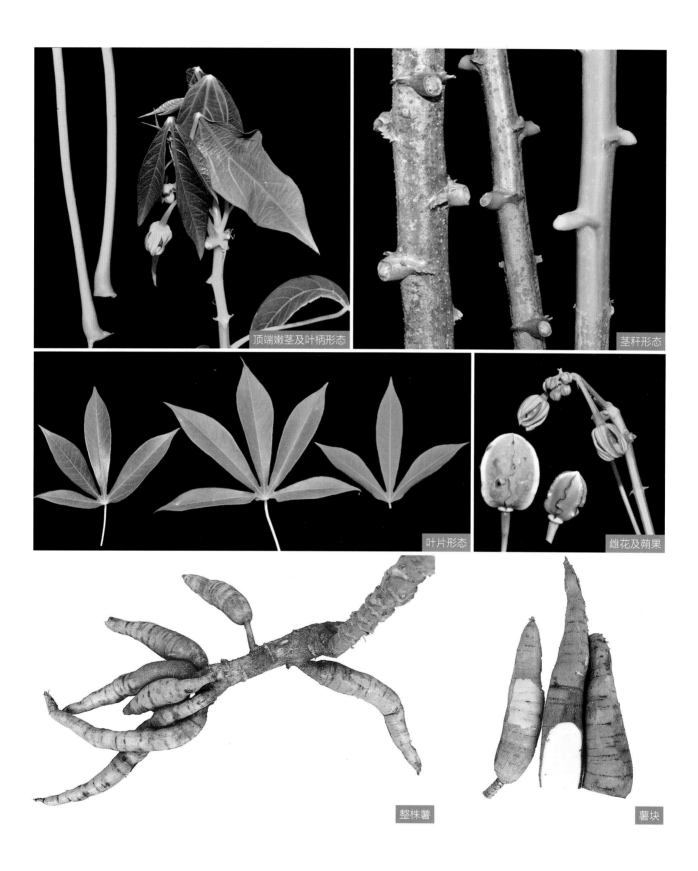

顶端嫩茎及叶柄形态

茎秆形态

叶片形态

雌花及蒴果

整株薯

薯块

华南 6 号木薯

拉丁名 *Manihot esculenta* Crantz. cv. SC 6

植株

品种来源 由中国热带农业科学院热带作物品种资源研究所利用 OMR33-10 品系的自然杂交后代选育而成，2001 年通过全国牧草品种审定委员会审定；品种登记号 232；申报者：李开绵、林雄、黄洁、叶剑秋、许瑞丽。基础原种保存于中国热带农业科学院热带作物品种资源研究所。

植物学特征 多年生直立亚灌木；株高 1.5～2.0 米，分叉部位高，分叉角度较小，株型紧凑，一般分叉 3 个。块根膨大，纺锤状或圆柱状，外皮黄褐色，内皮白色，富含淀粉。顶端嫩茎棱边紫红色，成熟茎外皮灰褐色，内皮深绿色，茎具节，节上有芽点。叶互生，叶片宽大，掌状深裂，裂片 5～9 枚，披针形，长 9～16 厘米、宽 1～5 厘米，侧脉数 9～15 条，叶柄长 17～25 厘米，红色。圆锥花序顶生或腋生；雄蕊约 10 枚，子房 3 室。蒴果，椭圆形，长 1.5～2.1 厘米，直径 1～1.4 厘米。种子扁长圆状，长约 1 厘米、宽约 0.6 厘米，种皮硬壳质，具斑纹，光滑。

生物学特性 华南 6 号适应性强，可在年均温度 ≥ 16℃、无霜期 ≥ 6 个月的地区种植。生长快，长势旺盛，具有良好的丰产性，有很强的抗风能力。结薯集中，大小均匀，掌状平伸，耐肥高产，薯块粗大，大小均匀，大薯率高。耐肥，出苗快，中早熟，植后 8 个月可收获。一般亩产为 2 500～3 500 千克。

栽培要点 同华南 101 号木薯。

经济价值 块根干物质含量 38%～40%，淀粉含量 30%～32%，HCN 含量 50～75 毫克 / 千克。可供食用或饲用，是非洲、美洲、东南亚等热带地区的主要粮食作物和重要的饲料原料；也是重要的工业原料，可生产淀粉、酒精。

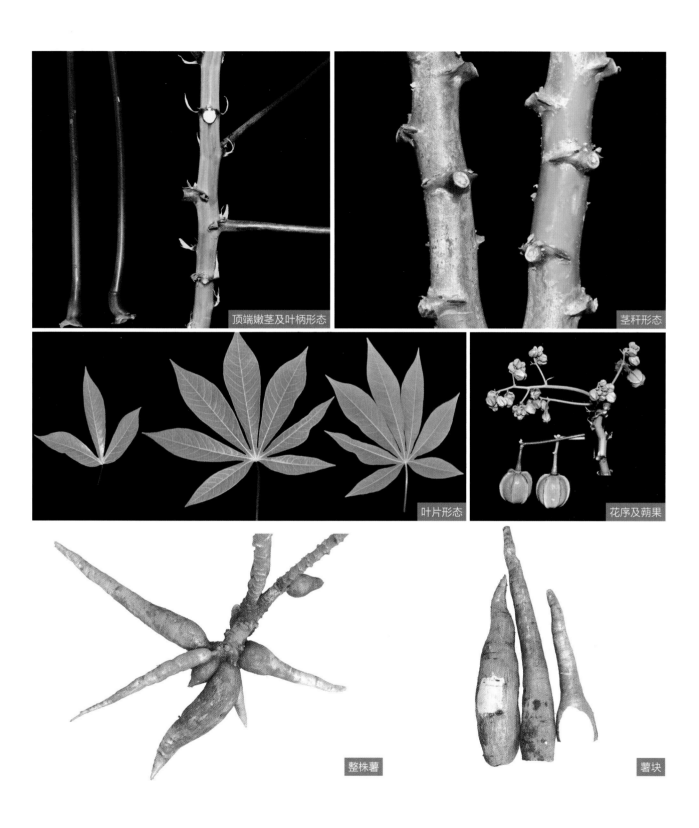

顶端嫩茎及叶柄形态

茎秆形态

叶片形态

花序及蒴果

整株薯

薯块

华南 7 号木薯

拉丁名 *Manihot esculenta* Crantz. cv. SC 7

品种来源 由中国热带农业科学院热带作物品种资源研究所利用华南 205 号自然杂交种子，完成育种程序选育而成，2004 年 12 月通过全国牧草品种审定委员会审定；品种登记号 295；申报者：李开绵、黄洁、李琼、叶剑秋、许瑞丽。基础原种保存于中国热带农业科学院热带作物品种资源研究所。

植物学特征 多年生直立亚灌木；株高 1.8～3.2 米，分叉部位高，分叉角度较小，一般分叉 3～4 个。块根膨大，纺锤状或圆柱状，外皮红褐色，内皮紫红色。顶端嫩茎棱边紫红色，成熟茎外皮红褐色，内皮浅绿色，茎具节，节上有芽点。叶互生，叶片宽大，掌状深裂，裂片 5～9 枚，倒卵形，暗绿色，长 12～18 厘米、宽 1.2～6.5 厘米，侧脉数 7～12 条，叶柄长 25～29 厘米，红色。圆锥花序顶生或腋生，雌雄同株；雄蕊约 10 枚，子房 3 室。蒴果，椭圆形，长 1.5～2.1 厘米，直径 1～1.4 厘米。种子扁长圆状，长约 1 厘米、宽约 0.6 厘米，种皮硬壳质，具斑纹，光滑。

植株

顶端嫩茎及叶柄形态

茎秆形态

叶片形态

花序局部及蒴果

整株薯

薯块

生物学特性 适应性强，可在年均温度≥16℃、无霜期≥6个月的地区栽培。生长快，长势旺盛，茎秆粗大，具很强的抗风能力。结薯集中均匀，掌状平伸，耐肥高产，薯块粗大，大小均匀，大薯率高。株型伞状，冠幅较大，不宜密植，耐肥，晚熟，植后10个月可收获，一般亩产为2 500～3 000千克。

栽培要点 同华南101号木薯。

经济价值 块根干物质含量33%～39%，淀粉含量26%～32%，HCN含量50～95毫克/千克。是重要的工业和饲料资源，可用来生产淀粉、酒精和饲料。

华南 8 号木薯

拉丁名 *Manihot esculenta* Crantz. cv. SC 8

植株

申报者：叶剑秋、黄洁、李开绵、陆小静、许瑞丽。基础原种保存于中国热带农业科学院热带作物品种研究所。

植物学特征 多年生直立亚灌木；株高 1.4～2.0 米，分叉部位高，分叉角度较小，一般分叉 3 个。块根膨大，纺锤状或圆柱状，外皮黄褐色，内皮浅黄色。茎具节，节间密，节上有芽点，顶端嫩茎棱边浅绿色，成熟茎外皮灰白色，内皮深绿色。叶互生，叶片宽大，掌状深裂，裂片 5～9 枚，线形，长 9.5～14 厘米、宽 1.2～4.8 厘米，侧脉数 9～12 条，叶柄长 19～23 厘米，浅绿色。圆锥花序顶生或腋生，雌雄同株；雄蕊 10 枚，子房 3 室。蒴果，椭圆形，长 1.2～1.8 厘米，直径 0.8～1.3 厘米。种子扁长圆状，长约 1 厘米、宽约 0.6 厘米，种皮硬壳质，具斑纹，光滑。

生物学特性 适应性强，可在年均温度 ≥16℃、无霜期 ≥6 个月的地区种植。种茎耐贮存，发芽力强，生长快，长势旺盛，并有很强的抗风能力。结薯集中，浅生，掌状平伸，易收获，耐肥高产，薯块粗大，大小均匀，大薯率高。植后 10 个月可收获，一般亩产为 2 500～4 000 千克。

栽培要点 同华南 101 号木薯。

经济价值 块根干物质含量 37%～40%，淀粉含量 30%～32%，HCN 含量 50～75 毫克/千克，是重要的工业原料，可用来生产淀粉和酒精，淀粉加工成变性淀粉后用途更广，用于生产 2 000 多种产品，涉及工业、农业、运输业和矿业等行业；同时也是重要的饲料资源。

品种来源 由中国热带农业科学院热带作物品种资源研究所利用 CMR38-120 的自然杂交后代选育而成，2004 年 12 月通过全国牧草品种审定委员会审定；品种登记号 296；

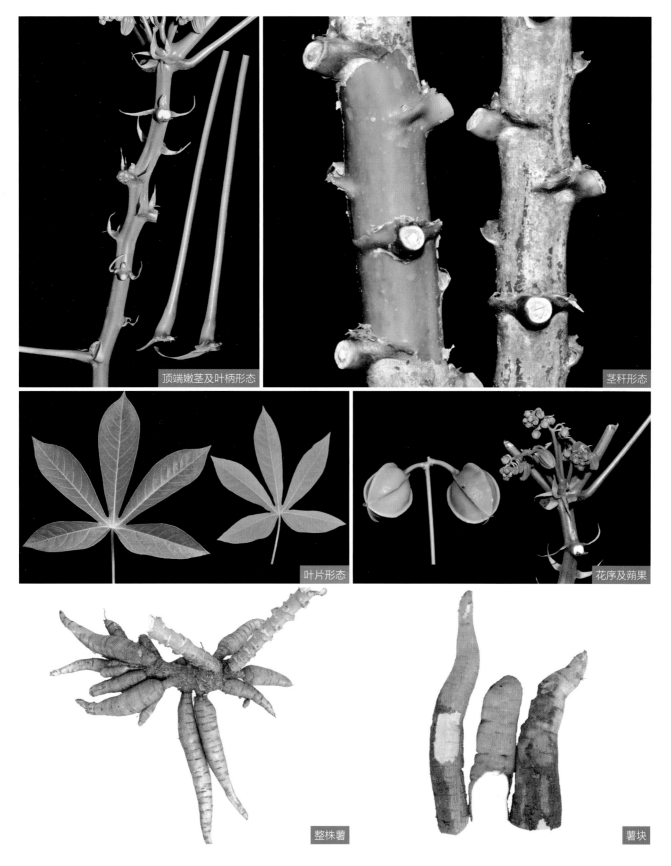

顶端嫩茎及叶柄形态

茎秆形态

叶片形态

花序及蒴果

整株薯

薯块

华南 9 号木薯

拉丁名 *Manihot esculenta* Crantz. cv. SC 9

品种来源 由中国热带农业科学院热带作物品种资源研究所利用海南地方种质的无性系后代选育而成，2005 年 11 月通过全国牧草品种审定委员会审定；品种登记号 320；申报者：黄洁、叶剑秋、李开绵、陆小静、许瑞丽。基础原种保存于中国热带农业科学院热带作物品种研究所。

植物学特征 多年生直立亚灌木；株高 1.2～2.0 米，分叉部位高，分叉角度较小，一般分叉 3 个，呈伞形。块根膨大，纺锤状或圆柱状，外皮深褐色，内皮乳黄色。茎具节，节上有芽点，顶端嫩茎绿色，成熟茎外皮黄褐色，内皮浅绿色。叶互生，叶片宽大，掌状深裂，裂片 5～9 枚，椭圆形，暗绿色，长 8～14 厘米、宽 1～4.5 厘米，侧脉数 8～11 条，叶柄长 13.5～16 厘米，紫红色。圆锥花序顶生或腋生，雌雄同株；雄蕊约 10 枚，子房 3 室。蒴果椭圆形，长 1.2～1.8

厘米，直径 0.8～1.3 厘米，表面粗糙。种子扁长圆状，长约 1 厘米、宽约 0.6 厘米，种皮硬壳质，具斑纹，光滑。

生物学特性 适应性强，可在年均温度 ≥16℃、无霜期 ≥6 个月的地区栽培。植株生长快，长势旺盛，抗风能力强。结薯集中，浅生，掌状平伸，易收获，耐肥高产，薯块粗大，大小均匀，大薯率高。种茎耐贮存，发芽力强，出苗快，中早熟品种，植后 7 个月可收获，一般亩产为 2 000～2 500 千克。

栽培要点 同华南 101 号木薯。

经济价值 干物质含量 41%～42%，淀粉含量 30%～33%，HCN 含量 25～30 毫克/千克。可供食用，口味清香，是非洲、南美洲、东南亚部分国家的主要粮食，也是我国目前主推的食用木薯品种；还可用于生产淀粉和酒精；同时也是重要的饲料资源。

植株

顶端嫩叶

顶端嫩茎及叶柄形态

茎秆形态

叶片形态

整株薯

薯块

华南 10 号木薯

拉丁名 *Manihot esculenta* Crantz. cv. SC 10

顶端嫩叶

品种来源 由中国热带农业科学院热带作物品种资源研究所利用 CM4042 与 CM4077 的杂交后代选育而成，2006 年 12 月通过全国草品种审定委员会审定；品种登记号 335；申报者：李开绵、叶剑秋、黄洁、闫庆祥、张振文。基础原种保存于中国热带农业科学院热带作物品种研究所。

植物学特征 多年生直立亚灌木；株高1.5 ~ 3.0 米，分叉部位高，分叉角度较小，一般分叉 3 个。块根膨大，纺锤状或圆柱状，外皮褐色，内皮浅黄色。茎具节，节上有芽点，顶端嫩茎棱边浅绿色，成熟茎外皮灰白色，内皮深绿色。叶互生，叶片宽大，掌状深裂，裂片 3 ~ 9 枚，线形，浅绿色，裂片长 10 ~ 21 厘米、宽 2 ~ 3 厘米，侧脉数 12 ~ 20 条，叶柄长 23 ~ 30 厘米，浅绿色。圆锥花序顶生或腋生；雌雄同株，雄蕊约 10 枚，子房 3 室。蒴果，椭圆形，长 1.5 ~ 2.0 厘米，直径 1 ~ 1.5 厘米。种子扁长圆状，长约 1 厘米、宽约 0.6 厘米，种皮硬壳质，具斑纹，光滑。

生物学特性 适应性强，可在年均温度≥ 16℃、无霜期≥ 6 个月的地区栽培。生长快，长势旺盛，抗风能力强。结薯集中，浅生，掌状平伸，易收获，耐肥高产，薯块粗大，大小均匀，大薯率高，可在产区各地栽培。种茎耐贮存，发芽率高，出苗快，植后 10 个月可收获，一般亩产为 2 500 ~ 3 000 千克。

栽培要点 同华南 101 号木薯。

经济价值 块根干物质含量 39% ~ 42%，淀粉含量 30% ~ 32%，HCN 含量 50 ~ 75 毫克 / 千克，是重要的工业原料，可用于生产淀粉、酒精和饲料，广泛应用于工业、农业、运输业、矿业等行业。

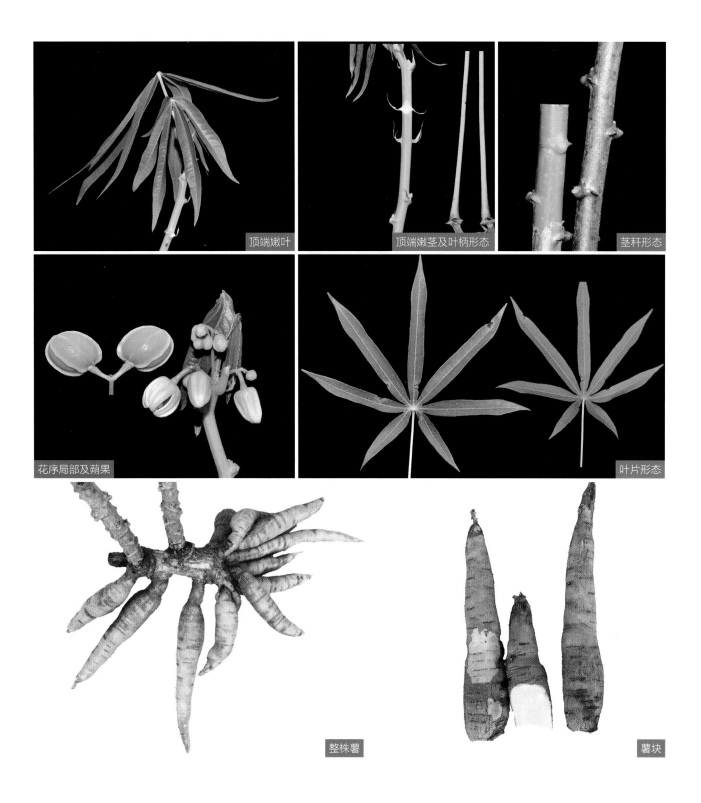

顶端嫩叶

顶端嫩茎及叶柄形态

茎秆形态

花序局部及蒴果

叶片形态

整株薯

薯块

拉丁名索引

P

S